建筑施工技术与工程管理

JIANZHU SHIGONG JISHU YU GONGCHENG GUANLI

肖义涛　林　超　张彦平　主编

中华工商联合出版社

图书在版编目（CIP）数据

建筑施工技术与工程管理 / 肖义涛，林超，张彦平主编. -- 北京 : 中华工商联合出版社，2022.7
ISBN 978-7-5158-3493-1

Ⅰ. ①建… Ⅱ. ①肖… ②林… ③张… Ⅲ. ①建筑施工-施工技术②建筑工程-施工管理 Ⅳ. ①TU7

中国版本图书馆CIP数据核字(2022)第108052号

建筑施工技术与工程管理

主　　编：肖义涛　林　超　张彦平
出 品 人：李　梁
责任编辑：李　瑛　李红霞
装帧设计：梁　凉
责任审读：付德华
责任印制：迈致红
出版发行：中华工商联合出版社有限责任公司
印　　刷：北京毅峰迅捷印刷有限公司
版　　次：2022 年 7 月第 1 版
印　　次：2022 年 7 月第 1 次印刷
开　　本：16开
字　　数：150千字
印　　张：8.75
书　　号：ISBN 978-7-5158-3493-1
定　　价：48.00 元

服务热线：010－58301130－0（前台）
服务热线：010－58301132（发行部）
010－58302977（网络部）
010－58302837（馆配部）
010－58302813（团购部）
地址邮编：北京市西城区西环广场A座
19－20层，100044
http://www.chgslcbs.cn
地址邮编：010－58302907（总编室）
投稿邮箱：1621239583@qq.com

编委会

前 言

Preface

随着建筑产业规模的不断发展，建筑行业已成为国民经济的支柱产业。《为指导和促进“十四五”时期建筑业高质量发展，根据《中华人民共和国国民经济和社会发展第十四个五年规划和2035年远景目标纲要》，住房和城乡建设部印发《“十四五”建筑业发展规划》提出加快智能建造与新型建筑工业化协同发展，完善工程建设组织模式，完善工程质量安全保障体系等方针，既明确了建筑业未来的发展目标，也对建筑业的发展提出了更高的要求。施工技术和工程管理一直是我国工程建设中的主要工作，为此，我们编写了本书。

本书以现行法律法规为主线，以新技术标准规范为基础，以施工实践内容为主导，引导建筑人才掌握工程建设施工技术和工艺，加快建筑技术的推广和管理。本书主要包括建筑工程高性能混凝土施工技术、建筑工程钢结构技术、建筑工程质量管理基础和施工安全技术措施。本书内容全面，强调应用性，可作为施工单位相关人员培训以及建设单位、设计单位和监理单位等人员的参考用书。

本书诸位作者在写作过程中，得到了相关单位的大力支持和协助，在此对各单位表示衷心的感谢。本书虽然经过了较充分的准备、论证、征求意见、审查和修改，但难免存在不足之处，恳请读者批评指正，以便进一步修改完善。

前言

目 录

Contents

第一章　建筑工程高性能混凝土施工技术

第一节　高强高性能混凝土技术

一、技术内容

高强高性能混凝土（HS-HPC）是具有较高的强度（一般强度等级不低于C60）且具有高工作性、高体积稳定性和高耐久性的混凝土（“四高”混凝土），属于高性能混凝土（HPC）的一个类别。其特点是不仅具有更高的强度且具有良好的耐久性，多用于超高层建筑底层柱、墙和大跨度梁，可以减小构件截面尺寸、增加建筑物室内使用面积和空间。

超高性能混凝土（UHPC）是一种超高强（抗压强度可达150MPa以上）、高韧性（抗折强度可达16MPa以上）、耐久性优异的新型超高强高性能混凝土，是一种组成材料颗粒的级配达到最佳的水泥基复合材料。用其制作的结构构件不仅截面尺寸小，而且单位强度消耗的水泥、砂、石等资源少，具有良好的环境效应。

HS-HPC的水胶比一般不大于0.34，胶凝材料用量一般为480～600kg/m^3，硅灰掺量不宜大于10%，其他优质矿物掺合料掺量宜为25%～40%，砂率宜为35%～42%，宜采用聚羧酸系高性能减水剂。

UHPC的水胶比一般不大于0.22，胶凝材料用量一般为700～1000kg/m^3。超高性能混凝土宜掺加高强微细钢纤维，钢纤维的抗拉强度不宜小于2000MPa，体积掺量不宜小于1.0%，宜采用聚羧酸系高性能减水剂。

二、技术指标

（一）工作性

新拌 HS–HPC 最主要的特点是黏度大。为降低混凝土的黏性，宜掺入能够降低混凝土黏性且对混凝土强度无负面影响的外加剂，如降黏型外加剂、降黏增强剂等。UHPC 的水胶比更低，黏性更大，宜掺入能降低混凝土黏性的功能型外加剂，如降黏增强剂等。

混凝土拌和物的技术指标主要是坍落度、扩展度和倒坍落度，筒混凝土流下时间（简称倒筒时间）等。对于 HS–HPC，混凝土坍落度不宜小于 220mm，扩展度不宜小于 500mm，倒置坍落度筒排空时间宜为 5 ~ 20s，混凝土经时损失不宜大于 30mm/h。

（二）HS–HPC 和 UHPC 的配制强度

HS–HPC 的配制强度可按公式 $f_{cu,0} \geqslant 1.15 f_{cu,k}$ 计算；UHPC 的配制强度可按公式 $f_{cu,0} \geqslant 1.11 f_{cu,k}$ 计算。

（三）HS–HPC 和 UHPC4

因其内部结构密实，孔结构更加合理，通常具有更好的耐久性，为满足抗硫酸盐腐蚀性，宜掺加优质的掺合料，或选择低 C3A 含量（＜ 8%）的水泥。

（四）自收缩及其控制

1. 收缩与对策

当 HS ~ HPC 浇筑成形并处于绝湿条件下，由于水泥继续水化，消耗毛细管中的水分，使毛细管失水，产生毛细管张力（负压），引起混凝土收缩，称之自收缩。通常水胶比越低，胶凝材料用量越大，自收缩情况会越严重。

对于 HS–HPC，一般应控制粗细骨料的总量不宜过低，胶凝材料的总量不宜过高；通过掺加钢纤维可以补偿其韧性损失，但在氯盐环境中，钢纤维不太适用；采用外掺 5% 饱水超细沸石粉的方法，或者内掺吸水树脂类养护剂、外覆盖养护膜以及其他充分的养护措施等，可以有效地控制 HS–HPC 的自收缩。

对于 UHPC，一般通过掺加钢纤维等控制收缩，提高韧性；胶凝材料的总量

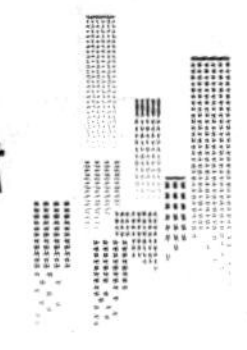

不宜过高。

2. 收缩的测定方法

参照《普通混凝土长期性能和耐久性能试验方法标准》（GB/T 50082—2009）进行。

三、适用范围

HS-HPC 适用于高层与超高层建筑的竖向构件、预应力结构、桥梁结构等混凝土强度要求较高的结构工程。

UHPC 由于高强高韧性的特点，可用于装饰预制构件、人防工程、军事防爆工程、桥梁工程等。

四、工程案例

（一）工程概况

某医院健康园建设项目地处兴庆区银佐路北、兴庆区检察院东侧，总占地面积为 29722.04m^2，总建筑面积为 122705.45m^2，分两期建设。一期建设医疗楼 65401m^2，其中：住院楼 17 层 21964m^2，门诊医技楼 6 层 17804m^2，后勤办公楼 8 层 7686m^2。产科楼 6 层 12432m^2，医疗楼 4 层 3296m^2，分诊门厅 3 层 2219m^2，地下 2 层 27087.8m^2，一期建设约投资 4.5 亿元人民币；二期建设地上老年康复公寓 23764m^2，地下 6452m^2。项目总投资约 7 亿元人民币，该项目已被兴庆区政府列为重点招商引资项目，项目拟建成以骨科为特色的三级甲等专科医院。该工程住院楼 17 层，从 –2 层至 3 层的墙、柱、核心筒混凝土设计强度等级为 C70。

该工程的难点包括：混凝土强度等级高，柱子体积大，截面尺寸为 1000mm、1200mm，会导致水化热温度很高，所以预防温度应力引起的裂缝和避免过大的收缩是该工程的一个难点。混凝土供应单位和建筑施工方均少有 C70 混凝土施工经验，高强度等级混凝土的生产、浇筑和养护是很大的挑战。

（二）C70 高强混凝土的配合比设计与确定

C70 高强混凝土配合比设计必须满足以下两个条件：第一是新拌混凝土要有

良好的工作性；第二是硬化后的混凝土要有较高的强度和体积稳定性。根据《高强混凝土应用技术规程》（JGJ/T 281—2012）的规定，高强混凝土配制强度应按公式 $f_{cu,0} \geqslant 1.15 f_{cu,k}$ 确定，对于高强混凝土配合比的确定，必须按理论计算与试验相结合的方法，而且还要综合考虑各种原材料的影响因素。通常采用“优质水泥＋超细矿物掺合料＋高效减水剂＋优质骨料”的技术路线进行高强混凝土配合比设计和生产。C70 高强混凝土的水胶比宜在 0.25 ～ 0.30 内选取。胶凝材料总量控制在 600kg/m^3 以下，水泥用量小于或者等于 450kg/m^3，且在保证强度的基础上尽量降低水泥用量，同时选用优质矿物掺合料，如Ⅰ级粉煤灰、S95 矿渣粉、硅灰等，用水量控制在 150 ～ 165kg/m^3。为了最大限度地降低水化热，建议采用混凝土的 60d 强度为结构验收强度，但 28d 强度不低于相应强度等级标准值的 100%，这样可充分利用矿物掺合料后期强度持续发展的特点，在提高强度保证率的同时也提高混凝土的体积稳定性。

设计思路如下：

1. 确定 W/B

利用聚羧酸减水剂具有较高的减水率来降低混凝土的 W/B，提高混凝土的密实性和耐久性。

2. 确定矿物掺合料

用于高强混凝土的矿物掺合料可包括粉煤灰、粒化高炉矿渣粉、硅灰、钢渣粉和磷渣粉。使用优质的高活性矿物掺合料可以改善混凝土中粉体材料的颗粒级配，特别是微硅粉能够填充水泥颗粒间的空隙，同时可以与水化产物、碱性材料反应生成凝胶体，是高强混凝土的必要成分。

3. 选择聚羧酸高效减水剂

利用聚羧酸减水剂具有优异的坍落度保持性来改善混凝土的塑性指标，提高混凝土的和易性和施工性。

4. 温度控制

采取的措施主要从降低水泥用量和降低水泥、粉煤灰温度着手从而达到降低拌和物的入模温度和控制绝热温升。

（三）C70 高强混凝土所用原材料选择与质量控制及配合比设计方案

1. 材料选择与质量控制

（1）水泥

配制高强混凝土宜选用硅酸盐水泥或普通硅酸盐水泥。重点从水泥强度、标准稠度用水量、质量稳定性及与外加剂相容性好等方面考虑，水泥中的碱含量低于 0.6%，氯离子含量不应大于 0.03%，经过试验比选最终选定质量较稳定的宁夏瀛海天琛建材有限公司生产的瀛海牌 42.5R 水泥，氯离子含量为 0.015%，其他检测结果如表 1–1 所示。

表 1-1 试验用水泥检测结果

比表面积（m^2/kg）	标准稠度用水量 /%	凝结时间 /min		抗折强度 /MPa		抗压强度 /MPa	
		初凝	终凝	3d	28d	3d	28d
369	26.6	165	226	6.6	9.6	31.9	50

（2）粉煤灰

配制高强混凝土宜选用Ⅰ级或Ⅱ级的 F 类粉煤灰。充分利用粉煤灰颗粒的微集料效应和形态效应，在混凝土中更为突出地起到填充、润滑、解絮等致密作用，选择需水量比较低的粉煤灰可以减少拌和用水，经过试验比选最终选定华电宁夏灵武发电有限公司生产的Ⅰ级粉煤灰，细度 45 μm 方孔筛余为 8.5%，需水量比为 93%，烧失量为 2.6%。

（3）矿渣粉

选定宁夏和亿达建材有限公司生产的 S95 矿渣粉，7d 活性为 75%，28d 活性为 99%，化学成分如表 1–2 所示。

表 1-2 矿渣粉成分

SiO_2	Al_2O_3	Fe_2O_3	CaO	MgO	烧失量（Loss%）
35.69%	12.7%	2.28%	38.3%	8.73%	0.54%

（4）微硅粉

采用银川金福宝建材有限公司生产的 SiO_2 含量为 90% 的微硅粉，比表面积为（15 ～ 20）× $10^3m^2/kg$。

（5）细骨料

宁夏青铜峡产天然水洗砂，细度模数为 2.9，含泥量为 1.6%，表观密度为 $2640kg/m^3$。

（6）粗骨料

由于银川地区缺乏强度较高的花岗岩或玄武岩等高强度岩石，只能使用石灰岩碎石来生产配制 C70 高强混凝土。选用贺兰山石灰岩，5 ~ 20mm 连续粒径，含泥量不大于 0.5%，泥块含量不大于 0.2%，针片状含量不大于 8%，母岩抗压强度为 70MPa。

（7）高效减水剂

宜采用减水率高、保坍效果好、适当引气，与水泥相容性好的聚羧酸减水剂，选用宁夏新华轩高新技术有限公司生产的聚羧酸高效减水剂，含固量 11%。

（8）水

地下水。

2. 配合比设计方案

选用总胶凝材料用量、水胶比、微硅粉掺入比例、粉煤灰掺入比例和矿粉掺入比例作为正交试验因素，各因素的水平数位 3 个，故选择 $L_9(3^5)$ 正交表，即五因素三水平的正交试验设计。按 $L_9(3^5)$ 安排的试验方案如表 1–3 所示。

表 1-3　试验方案

试验号	因素				
	A（总胶凝材料用量 /kg）	B（水胶比）	C（微硅粉掺入比例 /%）	D（粉煤灰掺入比例 /%）	E（矿粉掺入比例 /%）
1	540	0.26	5	15	15
2	540	0.26	6	20	10
3	540	0.26	7	25	0
4	565	0.27	5	15	15
5	565	0.27	6	20	10
6	565	0.27	7	25	0
7	590	0.28	5	15	15
8	590	0.28	6	20	10
9	590	0.28	7	25	0

在初次试配过程中，遇到一些问题，使用聚羧酸减水剂和粉煤灰、矿渣粉及微硅粉进行试配时，混凝土发黏，坍落度损失大，但如果配合比中不掺加矿渣粉以上现象消失，这说明是聚羧酸和矿渣粉之间产生了相容性问题。高强混凝土的胶凝材料之间的相容性非常重要，会对混凝土的强度和拌和物的黏度产

生显著影响。因此，在配合比设计时要进行充分的试验，寻找最佳组合。最终设计人员决定放弃使用矿渣粉，C70 高强混凝土只掺加粉煤灰与微硅粉进行试配。经过正交试验分析，经多次试配调整后设计出了 3 组配合比，如表 1–4 所示。C70 高强混凝土的绝热温升可达 50℃左右，其浇筑的构件体积大，因此内部温度很高，温差也大。为防止温度裂缝的产生，需要控制混凝土的温升。如果柱子截面尺寸较大，为了有效控制混凝土的温升，设计人员对表 1–4 中的配合比进行了水化热温升测量，混凝土搅拌完成的初始温度、升温时间及最高温度如表 1–5 所示。

表 1-4　优选配合比

配比	强度	材料用量（kg/m^3）						
编号	等级	水	水泥	微硅粉	粉煤灰	砂	碎石	聚羧酸减水剂
PB–1	C70	137	390	35	140	840	900	18
PB–2	C70	137	410	35	120	840	900	18
PB–3	C70	137	440	25	100	840	900	18

表 1-5　混凝土的水化热

配比编号	水化热 /℃													
	24h	26h	28h	30h	32h	34h	36h	38h	40h	42h	44h	46h	48h	50h
PB–1	54	56.5	60	61	61.5	61.5	61.5	61.5	60.5	60	59	58	57	56
PB–2	69	72	73	73.5	73.5	73	72	71	70.5	69.5	68.5	68	67	65.5
PB–3	70	70	70	70	69	68	67	66	65	64	63.5	63	62.5	62

注：出机温度为 28℃。

根据表 1–5 的测温记录最终选定水化温升较低的 PB–1 为生产配合比，见表 1–6。为了保证混凝土的质量，对配合比 PB–1 进行了 6 次以上的试配，C70 高强混凝土的工作性能与抗压强度统计见表 1–7。由表 1–7 可知，C70 高强混凝土的工作性能较好，早期强度较高。C70 高强混凝土的流动性较好，坍落扩展度较大，倒置坍落度筒排空时间为 10 ～ 12s。C70 混凝土的早期强度发展不是很高，3d 强度达到设计强度的 72%，7d 强度达到设计强度的 81%，28d 强度达到设计强度的 114%，60d 强度达到设计强度的 118%，后期强度发展缓慢，但能满足设计强度要求。

表 1-6　C70 生产配合比

配比	强度	材料用量 /（kg/m³）						
编号	等级	水	水泥	微硅粉	粉煤灰	砂	碎石	聚羧酸减水剂
PB–1	C70	137	390	35	140	840	900	18

表 1-7　C70 高强混凝土的工作性能与抗压强度

坍落度 / mm	扩展度 / mm	倒置坍落度排空时间 /s	凝结时间（h：min）		抗压强度 /MPa			
			初凝	终凝	3d	7d	28d	60d
260	580	10 月 12 日	10：00	11：30	50.5	56.6	79.8	82.8

（四）高强混凝土的生产控制与施工

1. 生产控制

C70 混凝土质量受生产、运输、浇筑、养护等因素影响较大，首先要做好生产前的准备工作，包括技术交底、原材料的检验与准备。搅拌站提前存储水泥和粉煤灰，使水泥温度小于 60℃，粉煤灰温度小于 50℃；搅拌站平时使用聚羧酸和萘系两种减水剂生产混凝土，由于聚羧酸外加剂和萘系外加剂接触时会发生急凝现象，为了确保 C70 高强混凝土质量的稳定，之前装过萘系外加剂生产的混凝土的搅拌车在装料前必须用清水清洗干净；决定单独使用一条独立的生产线集中生产搅拌 C70 混凝土；为了保证混凝土各原材料搅拌均匀，每盘混凝土的搅拌时间延长至 120s，生产过程中及时根据水洗砂的含水率变化（每隔 1h 测定一次料仓中水洗砂的含水率）再调整混凝土的生产配合比；质检员密切监测出机混凝土拌和物的状态，满足要求的才可出站。

2. 浇筑前准备工作

浇筑前必须召开 C70 混凝土浇筑交底会议，业主方、监理方、施工方、搅拌站一起参加，针对 C70 混凝土浇筑过程需要准备和注意的问题进行有效沟通，制订可行的浇筑方案并严格按照方案执行。

3. 施工过程控制

搅拌站要派专人配合施工方管理人员进行现场协调工作，并对到场混凝土进行检测，确认混凝土工作性能满足要求后方可浇筑，并及时将混凝土质量波动反馈回搅拌站。施工人员应熟悉各楼层构件混凝土的强度等级，为了避免各标号

混浇现象的发生，需要施工方根据浇筑标号制定混凝土浇筑顺序，浇筑中严格执行，监理方需派人 24h 旁站，做好高低标号分隔的监督控制工作。由于 C70 高强混凝土流动性较好，具有一定的自密实性能，容易自流平，所以在浇筑过程中要避免过振。搅拌站根据泵车浇筑速度和现场施工情况控制发车速度，保证混凝土连续浇筑，在混凝土达到初凝前各节点结合完好，避免出现冷缝。

4.C70 高强混凝土的养护控制

因为 C70 高强混凝土的水化热高，容易产生裂缝，所以必须加强浇筑后的养护工作。在查阅大量资料、文献和请教业内专家后，基本确定了 C70 混凝土的养护办法：用 1cm 厚的海绵包裹柱体，海绵外包裹塑料薄膜，然后把海绵用水浇透进行保湿养护，再用模板和钢管进行加固。实践证明，混凝土裂缝得到了有效的控制。

（五）使用效果

通过一系列试验研究数据积累和 C70 高强混凝土在该医院健康园工程中实际生产应用，可以得到以下结论。

（1）采用现有的普通材料和生产工艺通过合理的配合比设计生产 C70 高强混凝土是可行的。

（2）各种原材料质量综合控制，是生产优质高强混凝土的前提保障。

（3）聚羧酸类高效减水剂具有良好的减水率、优良的保塑性能、良好的增强效果，是生产高强混凝土的关键。

第二节　自密实混凝土技术

一、技术内容

自密实混凝土（SCC）是具有高流动性、均匀性和稳定性，浇筑时无须或仅需轻微外力振捣，能够在自重作用下流动并能充满模板空间的混凝土，属于高性能混凝土的一种。自密实混凝土技术主要包括：自密实混凝土的流动性、填充性、保塑性控制技术；自密实混凝土配合比设计；自密实混凝土早期收缩控制技术。

（一）自密实混凝土流动性、填充性、保塑性控制技术

自密实混凝土拌和物应具有良好的工作性，包括流动性、填充性和保水性等。通过骨料的级配控制、优选掺合料以及高效（高性能）减水剂来实现混凝土的高流动性、高填充性。其测试方法主要有坍落扩展度和扩展时间试验方法、J环扩展度试验方法、离析率筛析试验方法、粗骨料振动离析率试验方法等。

（二）自密实混凝土配合比设计

自密实混凝土配合比设计与普通混凝土有所不同，有全计算法、固定砂石法等。自密实混凝土配合比设计时，应注意以下几点要求。

（1）单方混凝土用水量宜为 160 ~ 180kg。

（2）水胶比根据粉体的种类和掺量有所不同，不宜大于 0.45。

（3）根据单位体积用水量和水胶比计算得到单位体积粉体量，单位体积粉体量宜为 0.16 ~ 0.23。

（4）自密实混凝土单位体积浆体量宜为 0.32 ~ 0.40。

（三）自密实混凝土自收缩

由于自密实混凝土水胶比较低、胶凝材料用量较高，导致混凝土自收缩较大，应采取优化配合比、加强养护等措施，预防或减少自收缩引起的裂缝。

二、技术指标

（一）原材料的技术要求

1. 胶凝材料

水泥选用较稳定的硅酸盐水泥或普通硅酸盐水泥；掺合料是自密实混凝土不可缺少的组分之一。一般常用的掺合料有粉煤灰、磨细矿渣、硅灰、粒化高炉矿渣粉、石灰石粉等，也可掺入复合掺合料，复合掺合料宜满足《混凝土用复合掺合料》（JG/T 486—2015）中易流型或普通型Ⅰ级的要求。胶凝材料总量宜控制

在 400 ~ 550kg/m^3。

2. 细骨料

细骨料质量控制应符合《普通混凝土用砂、石质量及检验方法标准》（JGJ 52—2006）以及《混凝土质量控制标准》（GB 50164—2011）的要求。

3. 粗骨料

粗骨料宜采用连续级配或 2 个及以上单粒级配搭配使用，粗骨料的最大粒径一般以小于 20mm 为宜，尽可能选用圆形且不含或少含针、片状颗粒的骨料；对于配筋密集的竖向构件、复杂形状的结构以及有特殊要求的工程，粗骨料的最大公称粒径不宜大于 16mm。

4. 外加剂

自密实混凝土具备的高流动性、抗离析性、间隙通过性和填充性四个特征都需要以外加剂为主的手段来实现。减水剂宜优先采用高性能减水剂，减水剂的主要要求：与水泥的相容性好，减水率大，并具有缓凝、保塑的特性。

（二）自密实性能主要技术指标

对于泵送浇筑施工的工程，应根据构件形状与尺寸、构件的配筋等情况确定混凝土坍落扩展度。对于从顶部浇筑的无配筋或配筋较少的混凝土结构物（如平板）以及无须水平长距离流动的竖向结构物（如承台和一些深基础），混凝土坍落扩展度应满足 550 ~ 655mm；对于一般的普通钢筋混凝土结构以及混凝土结构，坍落扩展度应满足 660 ~ 755mm；对于结构截面较小的竖向构件、形状复杂的结构等，混凝土坍落扩展度应满足 760 ~ 850mm；对于配筋密集的结构或有较高混凝土外观性能要求的结构，扩展时间 T500 应不大于 2s。其他技术指标应满足《自密实混凝土应用技术规程》（JGJ/T 283—2012）的要求。

三、适用范围

自密实混凝土适用范围包括：浇筑量大、浇筑深度和高度大的工程结构；配筋密集、结构复杂、薄壁、钢管混凝土等施工空间受限制的工程结构；工程进度紧、环境噪声受限制或普通混凝土不能实现的工程结构。

四、工程案例

（一）工程概况

某工程主体工程为引水隧洞工程，引水隧洞主洞全长 4.39km。该隧洞属于小断面隧洞。在主洞桩号 0+565 处布置一条施工支洞辅助施工，从支洞、主洞出口两个作业面进行开挖、衬砌等施工作业，单掌子面独头施工距离长达 1.9km。在断面如此小的情况下，单掌子面进行近 2km 的衬砌施工，对施工带来极大的困难。隧洞衬砌原设计采用普通泵送混凝土，混凝土性能指标均为 C35W12F200。由于隧洞洞内空间狭小，且混凝土衬砌厚度大部分为 25cm，衬砌厚度薄，混凝土入仓及人工振捣困难，采用常规泵送混凝土很难保证仓内混凝土完全密实。为了保证混凝土内在和外观质量，在工程施工后经研究，将原设计普通泵送混凝土变更为自密实混凝土，自密实混凝土具有高流动性，能不经振捣依靠自重流平填充结构和包裹钢筋。自密实混凝土具有良好的施工性能，而且不离析、不泌水，混凝土硬化后能够满足规范要求的力学性能和耐久性能；在狭小空间内，有助于减少作业人员的劳动强度，提高劳动生产率；同时能消除因作业空间狭小、视线受限而产生的安全隐患。由于小断面隧洞衬砌经验缺乏，因此选择前 20 仓作为试验段，为作对比，前 2 仓采用常规混凝土，第 3 ~ 18 仓采用自密实混凝土进行浇筑。根据现场实际情况，这次试验位置选择在隧洞出口 S2+431.971 ~ S2+611.971 段，衬砌试验段长 180m，每仓为 9m。其中，Ⅴ类围岩为 16m，Ⅳ类围岩为 18m，Ⅲ类围岩为 146m。

（二）衬砌混凝土原材料要求

1. 常规泵送混凝土

混凝土生产原材料除应遵守《通用硅酸盐水泥》（GB 175—2007）、《混凝土泵送施工技术规程》（JGJ/T 10—2011）、《水工混凝土施工规范》（DL/T 5144—2015）、《混凝土用水标准》（JGJ 63—2006）的有关规定外，还应满足以下要求。

（1）水泥。采用水泥强度等级不低于 42.5 级，水泥 28d 龄期实测抗压强度不宜低于 46MPa。

（2）粗骨料。骨料可当地采购，亦可利用开挖出的洞挖碎石加工成混凝土用粗骨料。

（3）细骨料。应采用河砂，细度模数为 2.5 ~ 3.0 的中砂。

（4）掺合料。选择Ⅱ级以上、F 类的粉煤灰。掺加具有防水、抗裂双重功能的抗裂防水剂。

（5）泵送剂。选择高性能减水剂配制的泵送剂。

2. 自密实混凝土

自密实混凝土生产原材料除应遵守《自密实混凝土应用技术规程》（JGJ/T 283—2012）的有关规定，还应满足以下要求。

（1）水泥。采用水泥强度等级不低于 42.5 级，水泥 28d 龄期实测抗压强度不宜低于 46MPa。

（2）粗骨料。级配 5 ~ 20mm、含泥量不大于 1.0%、泥块含量不大于 0.5%、针片状颗粒含量不大于 8%。

（3）细骨料。2 级配区中砂，含泥量不大于 3.0%、泥块含量不大于 1.0%。

（4）掺合料。选择Ⅱ级以上、F 类的粉煤灰；矿渣粉为 S95 级；掺加聚羧酸高性能减水剂外掺引气剂（含气量不低于 1.5%）。

（5）掺加增稠剂、絮凝剂等外加剂时，应通过充分试验进行验证，其性能应符合国家现行有关标准的规定。因增稠剂会导致混凝土内部气泡难以自排除，应尽量避免使用增稠剂。自密实混凝土除应满足常规泵送混凝土拌和物对凝结时间、黏聚性和保水性的要求外，还应满足自密实性能的要求。该工程自密实混凝土拌和物自密实性能及要求如表 1–8 所示。

表 1-8　自密实混凝土拌和物自密实性能及要求

自密实性能	填充性		间隙通过性	抗离析性	
	塌落扩展度 /mm	扩展时间 T500/s	塌落扩展度与 J 环扩展度差值 /mm	离析率 /%	粗骨料振动离析率 /%
性能等级	SF2	VS2	PA1	SR2	FM
技术要求	660 ~ 755	＜ 2	25 ＜ PA1 ＜ 50	＜ 15	＜ 10

（三）混凝土配合比试验

1. 常规泵送混凝土配合比

根据合同文件及设计技术，常规泵送混凝土配合比主要技术要求见表 1–9。

表 1-9　常规泵送混凝土配合比技术要求

混凝土部位	龄期 /d	混凝土设计等级	石子级配	骨料级配 /mm	入仓方式	备注
隧洞衬砌	28	C35W12F200	50：50	5 ~ 20、20 ~ 40	泵送	2 级配

配合比试验分别试拌 0.34、0.37、0.40 三个水胶比，用水量选用 155kg/m^3，粉煤灰掺量为 20%，抗裂防水剂掺量为 6%，砂率为 43%，减水剂掺量为 1%，引气剂掺量为 0.01%。通过对拌和物抗压、抗渗、抗冻结果检测，确定了最终选用水胶比为 0.36 的混凝土配合比。确定的常规泵送混凝土配合比见表 1–10。

表 1-10　常规泵送混凝土配合比

水胶比	水泥 /kg	粉煤灰掺量 /kg	抗裂防水剂掺量 /kg	用水量 /kg	砂子 /kg	碎石（5 ~ 20mm）/kg	碎石（20 ~ 40mm）/kg	减水剂 /kg	引气剂 /kg
0.36	310	84	25.1	155	764	506	506	4.19	0.0419

2.C35W12F200 自密实混凝土配合比

自密实混凝土采用一级配混凝土，主要技术要求见表 1–11。

表 1-11　自密实混凝土配合比技术要求

混凝土部位	龄期 /d	混凝土设计等级	石子级配	骨料级配 /mm	入仓方式	备注
隧洞衬砌	28	C35W12F200	—	5 ~ 20	泵送	自密实

这次配合比试验分别选取 0.34，0.37，0.40 三个水胶比进行试配。试配试验结束后，根据混凝土强度试验结果，绘制强度和胶水比的线性关系图，确定略大于配制强度对应的胶水比并进行调整。配合比调整后根据选定的的水胶比进行复核试验，最终确定出满足设计和施工要求的混凝土配合比。根据试验情况，不同水胶比、不同粉煤灰掺量的混凝土拌和物及力学性能试验结果见表 1–12。

表 1-12　混凝土拌和物及力学性能试验结果表（自密实混凝土）

水胶比	砂率 /%	每立方米混凝土材料用量 /（kg/m^3）								实测坍落度 /mm	坍落扩展度 /mm	实测含气量 /%	实测密度 /（kg/m^3）	7d 抗压强度 /MPa	28d 抗压强度 /MPa
		水	水泥（69%）	粉煤灰（25%）	抗裂防水剂（6%）	砂	碎石（5 ~ 20mm）	减水剂（1%）	引气剂 /10^{-4}						
0.34	46	165	335	121	29.1	782	918	4.85	0.0485	245	640	4.6	2340	36.0	46.4
0.37	46	165	303	116	26.8	800	939	4.46	0.044	244	652	4.7	2340	31.4	42.0
0.40	46	165	284	103	24.7	816	957	4.12	0.0412	243	650	4.9	2330	27.5	37.6

对试验结果进行性能综合分析、验证，确定施工用自密实混凝土配合比，见表 1–13。

表 1-13　混凝土推荐施工配合比成果表

水胶比	水泥 /kg	粉煤灰掺量 /kg	抗裂防水剂掺量 /kg	用水量 /kg	砂子 /kg	碎石 /kg	减水剂 /kg	引气剂 /kg
0.36	316	114	27.5	165	794	933	4.58	0.0458

（四）混凝土衬砌生产性试验

为检验常规泵送混凝土和自密实混凝土在现场施工时的适宜性，决定开展生产性试验，生产性试验共计 20 仓。根据现场的实际情况，现场生产性试验分类进行，首先进行常规泵送混凝土浇筑试验，然后进行自密实混凝土浇筑试验。在浇筑过程中，详细记录出机口温度、坍落度，入仓温度、坍落度，含气量，洞内风速等参数，以便于总结分析。拆模后，检查混凝土外观质量，重点检查混凝土是否密实、黏模气泡出现情况，以及光泽度等方面。根据混凝土衬砌试验段的浇筑情况，前两仓（S2+431.971 ~ S2+449.971）使用常规泵送混凝土浇筑，由于常规泵送混凝土流动性差，加之洞径小，施工人员无法使用插入式振捣器振捣，导致混凝土衬砌有未充满及混凝土疏松现象，外观质量差。第 3 仓至第 20 仓（S2+449.971 ~ S2+611.971）使用自密实混凝土浇筑，自密实混凝土流动性良好，浇筑过程中能够自流平、自密实，在流动状态下不泌水、不起泡、无粗骨料离析现象，混凝土外观明显优于常规泵送混凝土外观。

（五）使用效果

根据工程实际情况，采用对比试验进行分析，其中第 1 仓至第 2 仓采用常规泵送混凝土浇筑；第 3 仓至第 20 仓采用自密实混凝土浇筑。经过对比分析，第 3 仓至第 20 仓（自密实混凝土）混凝土衬砌浇筑时间明显少于第 1 仓至第 2 仓（常规泵送混凝土），施工机械、劳动力功效也明显提高。

通过对混凝土 28d 抗压强度进行检测，常规泵送混凝土和自密实混凝土均能满足设计强度指标，但在混凝土的流动性、和易性、外观质量、施工功效方面，自密实混凝土明显强于常规泵送混凝土，故在该工程长距离小断面隧洞混凝土施工中改用自密实混凝土。

第三节 超高泵送混凝土技术

一、技术内容

近年来，超高层建筑越来越多。对于超过200m的建筑混凝土浇筑需要采用超高泵送技术，超高泵送混凝土技术已成为现代建筑施工中的关键技术之一。超高泵送混凝土技术是一项综合技术，包含混凝土制备技术、泵送参数计算、泵送设备选定与调试、泵管布设和泵送过程控制等内容。

（一）原材料的选择

水泥宜选择C2S含量高的，对于提高混凝土的流动性和减少坍落度损失有显著的效果；粗骨料宜选用连续级配，应控制针片状含量，而且要考虑最大粒径与泵送管径之比，对于高强混凝土，应控制最大粒径范围；细骨料宜选用中砂，因为细砂会使混凝土变得黏稠，而粗砂容易使混凝土离析；矿物掺合料采用性能优良的，如矿粉、Ⅰ级粉煤灰、Ⅰ级复合掺合料或易流型复合掺合料、硅灰等；高强泵送混凝土宜优先选用能降低混凝土黏性的矿物外加剂和化学外加剂，矿物外加剂可选用降黏型增强剂等，化学外加剂可选用降黏型减水剂，可使混凝土获得良好的工作性；减水剂应优先选用减水率高、保塑时间长的聚羧酸系减水剂，必要时掺加引气剂，减水剂应与水泥和掺合料有良好的相容性。

（二）混凝土的制备

通过原材料优选、配合比优化设计和工艺措施，使制备的混凝土具有较好的和易性；混凝土流动性高，虽黏度较小，但无离析泌水现象，因而有较小的流动阻力，易于泵送。

（三）泵送设备的选择和泵管的布设

泵送设备的选定应参照《混凝土泵送施工技术规程》（JGJ/T 10—2011）规定的技术要求，先进行泵送参数的验算，包括混凝土输送泵的型号和泵送能力，水平管压力损失、垂直管压力损失、特殊管的压力损失和泵送效率等。对泵送设备与泵管的要求如下所列。

（1）宜选用大功率、超高压的S管阀结构混凝土泵，其混凝土出口压力满足超高层混凝土泵送阻力要求。

（2）应选配耐高压、高耐磨的混凝土输送管道。

（3）应选配耐高压管卡及其密封件。

（4）应采用高耐磨的S管阀与眼镜板等配件。

（5）混凝土泵基础必须浇筑坚固并固定牢固，以承受巨大的反作用力，混凝土出口布管应有利于减轻泵头承载。

（6）输送泵管的地面水平管折算长度不宜小于垂直管长度的1/5，且不宜小于15m。

（7）输送泵管应采用承托支架固定，承托支架必须与结构牢固连接，下部高压区应设置专门支架或混凝土结构以承受管道重量及泵送时的冲击力。

（8）在泵机出口附近设置耐高压的液压或电动截止阀。

（四）泵送施工的过程控制

应对到场的混凝土进行坍落度、扩展度和含气量的检测，对混凝土入泵温度和环境温度进行监测，如出现不正常情况，及时采取应对措施；泵送过程中，要实时检查泵车的压力变化、泵管有无渗水、漏浆情况以及各连接件的状况等，发现问题及时处理。泵送施工控制要求如下所列。

（1）合理组织，连续施工，避免中断。

（2）严格控制混凝土流动性及其经时变化值。

（3）根据泵送高度适当延长初凝时间。

（4）严格控制高压条件下的混凝土泌水率。

（5）采取保温或冷却措施控制管道温度，防止混凝土摩擦、日照等因素引起管道过热。

（6）弯道等易磨损部位应设置、加强安全措施。

（7）泵管清洗时应妥善回收管内混凝土，避免污染或材料浪费。泵送和清洗过程中产生的废弃混凝土，应按预先确定的处理方法和场所，及时妥善处理，不得将其用于浇筑结构构件。

二、技术指标

（1）混凝土拌和物的工作性能良好，无离析泌水，坍落度宜大于 180mm，混凝土坍落度损失不应影响混凝土的正常施工，经时损失不宜大于 30mm/h，混凝土倒置坍落筒排空时间宜小于 10s。泵送高度超过 300m 的，扩展度宜大于 550mm；泵送高度超过 400m 的，扩展度宜大于 600mm；泵送高度超过 500m 的，扩展度宜大于 650mm；泵送高度超过 600m 的，扩展度宜大于 700mm。

（2）硬化混凝土物理力学性能符合设计要求。

（3）混凝土的输送排量、输送压力和泵管的布设要依据准确的计算，并制订详细的实施方案，进行模拟高程泵送试验。

（4）其他技术指标应符合《混凝土泵送施工技术规程》（JGJ/T 10—2011）和《混凝土结构工程施工规范》（GB 50666—2011）的规定。

三、适用范围

超高泵送混凝土技术适用于泵送高度大于 200m 的各种超高层建筑混凝土泵送作业，长距离混凝土泵送作业参照超高泵送混凝土技术。

四、工程案例

（一）工程概况

某大厦位于上海陆家嘴金融贸易区中心，是一座集办公、商业、酒店、观光于一体的摩天大楼，大楼总建筑面积约 5.8×10^5m^2，地下 5 层，地上 127 层，高 632m。桩基采用超长钻孔灌注桩，结构为钢筋混凝土结构体系，竖向结构包括钢筋混凝土核心筒和巨型柱，水平结构包括楼层钢梁、楼面桁架、带状桁架、伸臂桁架以及组合楼板，顶部为屋顶皇冠。

其中，混凝土结构施工时，不同高度采用不同强度等级的混凝土，核心筒全部采用C60混凝土浇筑，巨型柱混凝土37层以下为C70，37～83层为C60，83层以上为C50，楼板混凝土强度等级为C35。其中，核心筒混凝土实体最高泵送高度达582m，楼板混凝土泵送高度达610m。

（二）超高混凝土泵送施工重难点

该大厦建筑结构极其复杂，垂直高度高，混凝土泵送高度大于600m，混凝土超高泵送施工控制和浇筑难度极大。

（1）采用一次连续浇筑施工工艺，现有混凝土施泵已无法满足600m级超高泵送压力要求，对混凝土施泵出口压力和输送管道抗爆耐磨性能提出新挑战。

（2）高强高性能混凝土胶凝材料用量多、混凝土黏度大，对混凝土的流动性、离析泌水性能等提出新要求。

（3）建筑核心筒体形变化大，竖向结构多，泵管布设难。

（4）混凝土泵送高度高、输送管道长、累计管道摩阻力大，超高超长混凝土输送管道的密封性、稳定性和安全性控制难。

（5）混凝土泵送方量大、机械设备多，现场混凝土供应、施工与管理难度大。

（三）基于泵送压力损失的设备选型

1. 泵送压力测算

高性能混凝土在管道内输送时，混凝土流体接近牛顿流，其压力损失如式（1–1）所示。

$$p=\frac{8\mu LQ}{\pi R^{4}} \tag{1–1}$$

由式（1–1）可得，混凝土泵送压力损失主要与混凝土工作性能、输送管道管径、输送流量有关。在流量和管道长度固定的前提下，可通过改善混凝土塑性黏度、增大输送管径的方式降低混凝土的泵送压力损失。在该大厦工程建设时，采用 ϕ125mm 输送管，分析其泵送压力实测数据可得，混凝土压力损失为0.018MPa/m，据此结果对该大厦工程进行压力测算。根据工程建设需要，管道布设长度取750m，混凝土泵送高度按600m考虑，混凝土密度按2500kg/m³考虑。共布设 25 个弯管、1 个锥管、2 个截止阀。每个 90° 弯管、锥管压力损失为 0.1MPa，S 分配阀压力损失为 0.2MPa。基于此，采用式（1–2）计算混凝土泵送压力。

$$p = p_1 + p_2 + p_3 \tag{1–2}$$

式中：p_1为混凝土自重引起的压力损失；p_2为混凝土沿程压力损失；p_3为混凝土其他损失。

$$p_1 = pgh = 2500 \times 9.8 \times 600 \times 10-6 = 14.7\text{（MPa）}$$

$$p_2 = 750 \times 0.018 = 13.5\text{（MPa）}$$

$$p_3 = \text{（}25+1\text{）} \times 0.1+0.2 = 2.8\text{（MPa）}$$

泵送混凝土预估压力损失。

$$p = p_1 + p_2 + p_3 = 14.7+13.5+2.8 = 31\text{（MPa）}$$

混凝土泵送压力预估值达到 31MPa，已接近 HBT90CH–2135D 型泵的上限，需要降低混凝土的泵送压力损失值。混凝土泵送压力损失可通过改善混凝土的工作性能，即适当增大混凝土扩展度，但扩展度过大易引起离析。通过该大厦工程的试验可得，0.018MPa/m 已是压力损失的极限值，进一步改善混凝土的工作性能已无法降低压力损失。由式（1–1）可知，输送管径增大也可降低混凝土压力损失，因此该大厦采用 ϕ150mm 输送管，1m 压力损失值按 ϕ125mm 输送管的压力损失值的 70% 折算，即混凝土沿程压力损失值为 9.45MPa，可得总压力损失为 26.95MPa。由此可见，ϕ150mm 输送管可满足 600m 级超高混凝土泵送需求。

2. 设备选型

泵送设备选型时，采用 ϕ150mm 输送管，突破 ϕ125mm 输送管泵送压力极限，将混凝土泵送至 600m 高度所需压力估算值为 26.95MPa，若继续采用 HBT 90CH–2135D 型泵进行泵送，其压力储备值仅为 22% 左右，难以应对实际

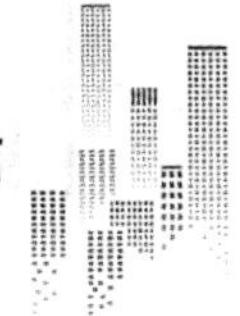

泵送过程中混凝土出现的异常情况。考虑到该工程可为千米级建筑建造技术做一定的铺垫性研究，采用创新研发的新型 HBT90CH-2150D 型输送泵，其混凝土输送压力可达 50MPa，压力储备值接近 50%，可保障混凝土超高 600m 级泵送施工。通过该泵的实际工程使用，为千米级泵送设备的研发储备基础数据。输送管采用超高压耐磨抗爆输送管，使用寿命较常规管道提高约 10 倍。选择输送管时，考虑到该工程的混凝土输送量巨大，对混凝土输送管的耐磨性能要求较高，故输送管道壁厚采用 10mm，最大输送压力按 50MPa 考虑，计算得到管道材料的抗压强度最小值。

$$\sigma_b = \frac{p_{\max} D}{2t} = \frac{50 \times 150}{20} = 375(\text{MPa}) \tag{1-3}$$

式中：$p_{\max}$为混凝土最大输送压力，MPa；t 为管道壁厚，mm；D 为管道直径，mm。基于此，最终选用内径为 150mm 的双层复合管，内层耐磨，外层抗爆；材料抗拉强度为 980MPa，满足工程建设要求。在选择布料杆时，从拆装便利性、机动性、自重等因素考虑施工综合效益最优，开发了新型 HGY-28 混凝土布料杆。HGY-28 混凝土布料杆既可安装在建筑物上，也能安装在钢平台上，最大回转半径达 28.1m，解决了布料杆高空转场难题，大幅提高混凝土浇筑速度，提高大型工程的施工工效，降低建设成本。

（四）混凝土性能控制

1. 可泵性控制区间

混凝土工作性能控制是保障混凝土顺利泵送的关键，现有工程做法是以坍落度或扩展度来表征混凝土工作性能。研究发现高性能混凝土随着流动性增大，其在管道内的流动可视为宾汉姆体，影响宾汉姆体流动的主要是流变参数，仅仅采用测试坍落度或扩展度来表征混凝土泵送性能存在一定不足。结合工程实际提出两阶段控制，即在实验室配制阶段采用“塑性黏度＋扩展度”的双指标控制方法，塑性黏度的控制区间为 24 ~ 40Pa · s，对应扩展度区间为 600 ~ 850mm。根据《混凝土泵送施工技术规程》（JGJ/T 10—2011）给出的坍落度或扩展度与泵送高度的关系表，建议 400m 以上要保证扩展度在 600 ~ 740mm。考虑实际泵送过程中混凝土坍落度经时损失和管壁受热升温影响，在确保水胶比不变的前提下，通过调整高性能减水剂掺量调整混凝土扩展度，并给出不同高度对应的扩展度指标：高度为 300m 时扩展度为（650 ± 50）mm，高度为 400m 时为（700 ± 50）mm，高度为 500m 时为（750 ± 50）mm，高度为 600m 时为（800 ± 50）mm。

2. 材料配制技术

该工程对混凝土工作性能要求极高，因此，在原材料选择上较为严格。设计配合比时，除考虑强度要求外，还需以工作性能为控制指标进行调整。该工程采用的 5 ~ 20mm 精品石是通过 5 ~ 10mm 精品石和 10 ~ 20mm 精品石复配得到。首先研究了两种级配不同比例下的紧密空隙率，如表 1–14 所示。根据混凝土泵送高度分为 4 个泵送区间，不同的泵送高度区间调整级配比例，具体调整情况如表 1–15 所示。由表 1–15 可得，随着泵送高度的增加，不断增加细颗粒（5 ~ 10mm）在整个骨料体系的占比，当泵送高度大于 500m 后，将粗骨料级配调整为 5 ~ 16mm。同时，也要调整混凝土胶凝材料总量和掺和料品种，以期进一步改善混凝土工作性能。

表 1-14　不同比例的精品石紧密空隙率

项目	5 ~ 10mm 和 10 ~ 20mm 复合比例				
	3：7	4：6	5：5	6：4	7：3
紧密空隙率 /%	38	36	36	37	38

表 1-15　精品石随高度调整情况

高度区间	5 ~ 10mm 和 10 ~ 20mm 复合比例
300m 以下	4：6
300 ~ 393.4m	5：5
398.9 ~ 407m	6：4
501.3m 以上	级配调整为 5 ~ 16mm

为改善混凝土流动性，并保证混凝土输送过程中不发生离析，需研究高性能外加剂复配技术。首先确定外加剂的主要组分和不同组分的主要作用。不同组分作用主要有减水、保坍、黏度调节，根据混凝土工作性能需要，通过试验确定复合比例。该工程中要求 C35、C50、C60 混凝土拌和物性能 4h 内扩展度保持 600 ~ 750mm，无泌水、工作性能波动小，此外，对 C50、C60 混凝土要求升温至 60℃所需要的时间 T60 满足 3s ＜ T60 ＜ 8s。通过上述配制方法得到的混凝土工作性能优良，可满足 600m 级混凝土超高泵送施工要求。

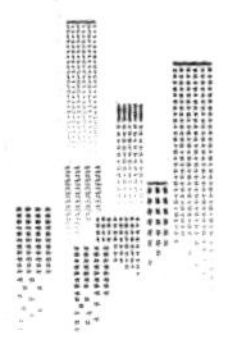

（五）超高混凝土泵送施工

1. 混凝土泵送设备布置

为保障大方量混凝土顺利输送，该工程共布设 3 路泵管，其中 1 路为备用泵管。当工作管路无法正常工作时，可采用备用管路暂时替代，避免影响浇筑进度。考虑到混凝土浇筑方量沿建筑物高度区间变化较大，该工程 500m 以下高度的混凝土浇筑施工采用 2 台 HBT90CH–2150D 型混凝土固定泵，另外配备 1 台备用泵；500m 以上高度采用 1 台 HBT90CH–2150D 型混凝土固定泵，另外配备 1 台备用泵。混凝土输送时，为避免超高压作用下管路内部的安全隐患，对管道采取相应固定措施来避免超高压作用下管路的不合理摆动。针对水平管道，通过在混凝土墩预埋连接件进行固定；针对竖直管，固定前在指定位置预埋高强钢板，然后将管道连接装置焊在钢板上进行固定。此外，为应对重力作用下竖直管道内混凝土回流问题的产生，通过在管路关键部位，如固定泵出口附近、竖直管和水平管转换处的水平管上，设置单向截止阀控制混凝土回流冲击；在管路竖直方向上布置转向弯管来降低垂直压力。以上措施提高了泵送设备的工作性能，保障了混凝土高效安全输送。

2. 混凝土浇筑施工

混凝土泵送施工时，结合混凝土可泵性和结构密集程度要求，核心筒混凝土采用分区段配制。在核心筒底部区域，由于钢筋密布，采用自密实混凝土，有效降低了施工浇筑难度；在核心筒高段区域，考虑到混凝土可泵性要求，采用自密实混凝土，其扩展度不小于 700mm ；在核心筒中段区域，采用高流态混凝土，其扩展度不小于 650mm。同时，严格控制在混凝土工作性能良好的时间段内完成泵送作业，并对入泵扩展度、有效泵送时间等关键性能指标进行界定，如表 1–16 所示。

表 1-16　入泵扩展度及有效泵送时间

强度等级	入泵扩展度 /mm	有效泵送时间 /h		
		T ＜ 30℃	30℃＜ T ＜ 35℃	T ≥ 35℃
C60	＞ 600	3.5	3.0	2.5
C35	＞ 400	3.0	3.0	2.5

现场浇筑施工时，核心筒混凝土浇筑采用“两管两布”方案，布料机设置在钢平台顶部，布料机型号为 HGY–28，2 台布料机回转半径为 28m。巨型柱和主

楼楼板混凝土均采用一次连续浇筑方法，先浇筑巨型柱混凝土，然后浇筑楼板混凝土，在巨型柱混凝土终凝前完成楼板混凝土浇筑。巨型柱和组合楼板采用“两管四布”方案，核心筒内楼板与核心筒外楼板同时施工。上述措施显著提升混凝土结构的施工效率，实现了综合性能最优，保障了混凝土结构浇筑施工的顺利完成。

3. 管道拆换技术

该工程混凝土泵送方量大，管道磨损大，当管道磨损严重时，需及时更换。水平管大多铺设在地面或者楼面上。其更换、拆卸比较简单；但对于竖向管道的拆换，目前多是采用人工拆卸方法。由于操作空间有限，拆卸难度大、耗时长，混凝土泵送中止时间过长，易引起混凝土流动性过大损失，再次泵送时易引发堵泵。该工程中研制出的特殊顶升装置主要由千斤顶和 2 个托管组成，先将 2 个托管安装到要顶升管道 1，将千斤顶置于托梁上，松开管道 1、管道 2 的连接螺栓组，托管 1 顶住管道 1 的法兰，千斤顶将管道 1 顶起，换下管道 2，将顶升装置拆除，即完成更换管道工作。同时，为方便检修竖向管道，从核心筒第 14 框起，每隔 3 层设 1 个检修平台。

4. 绿色水洗技术

全程采用水洗技术，最大限度地利用输送管内混凝土，设置水洗废料承接架，回收残留的废弃混凝土和砂浆，达到绿色、文明施工要求；在泵车出口位置设置截止阀，避免输送管内混凝土回落带来的冲击，在 8 层位置设置分流阀，便于管道切换和水洗。混凝土泵送水洗技术能够达到泵送多高水洗多高，最大限度利用混凝土，减少管道内残余混凝土浪费。水洗技术的应用显著提高了混凝土的利用率，该工程约节约混凝土材料 1000m^3。

（六）使用效果

该大厦工程形成了综合性能指标协同控制的超高泵送混凝土施工成套技术，攻克了 600m 级混凝土泵送难题，保障了工程高品质完成，工程应用成效显著。

（1）该成套技术综合应用可使泵送阻力减少 50% 以上，成功将 C60 混凝土一次泵送至 582m 的实体高度、C50 混凝土一次泵送至 606m 的实体高度、C35 混凝土一次泵送至 610m 的实体高度，创造了多项混凝土一次连续泵送高度世界纪录。

（2）自主开发出新型 HBT90CH-2150D 型和 HBT9060CH-5M 型混凝土输送泵，输送压力分别达到 51.2MPa 和 58.6MPa，创造了混凝土输送泵泵口压力纪录，可满足千米级超高建筑泵送需求。

（3）提出了 600m 级混凝土超高泵送两阶段工作性能控制方法，揭示了超高混凝土可泵性量化指标有效、合理的控制范围，形成了适用于 600m 级超高泵送混凝土性能设计与控制关键技术。

（4）提出了不同强度混凝土入泵扩展度、有效泵送时间等关键控制指标，开发了管道顶升装置可高效更换管道，采用了绿色高压水洗技术，极大地提高了混凝土利用率。

第二章　建筑工程钢结构技术

第一节　钢结构深化设计与物联网应用技术

一、技术内容

钢结构深化设计是以设计院的施工图、计算书及其他相关资料为依据，依托专业深化设计软件平台，建立三维实体模型，计算节点坐标定位调整值，并生成结构安装布置图、零件构件图、报表清单等的过程。钢结构深化设计与BIM结合，实现了模型信息化共享，由传统的“放样出图”延伸到施工全过程。物联网技术是通过射频识别（RFID）、红外感应器等信息传感设备，按约定的协议，将物品与互联网相连接，进行信息交换和通信，以实现智能化识别、定位、追踪、监控和管理的一种网络技术。在钢结构施工过程中应用物联网技术，改善了施工数据的采集、传递、存储、分析、使用等各个环节，将人员、材料、机器、产品等与施工管理、决策建立更为密切的关系，并可进一步将信息与BIM模型进行关联，提高施工效率、产品质量和企业创新能力，提升产品制造和企业管理的信息化管理水平。钢结构深化设计主要包括以下内容：

（1）深化设计阶段，需建立统一的产品（零件、构件等）编码体系，规范图纸深度，保证产品信息的唯一性和可追溯性。深化设计阶段主要使用专业的深化设计软件，在建模时，对软件应用和模型数据有以下几点要求。

①统一软件平台：同一工程的钢结构深化设计应采用统一的软件及版本号，设计过程中不得更改。同一工程宜在同一设计模型中完成，若模型过大需要进行模型分割，分割数量不宜过多。

②人员协同管理：钢结构深化设计多人协同作业时，明确职责分工，注意避免模型碰撞冲突，并需设置好稳定的软件联机网络环境，保证每个深化人员的深化设计软件运行顺畅。

③软件基础数据配置：软件应用前需配置好基础数据，如设定软件自动保存时间，使用统一的软件系统字体，设定统一的系统符号文件，设定统一的报表、图纸模板等。

④模型构件唯一性：钢结构深化设计模型，要求一个零构件号只能对应一种零构件。当零构件的尺寸、重量、材质、切割类型等发生变化时，需赋予零构件新的编号，以避免零构件的模型信息冲突报错。

⑤零件的截面类型匹配：深化设计模型中每种截面的材料指定唯一的截面类型，保证材料在软件内名称的唯一性。

⑥模型材质匹配：深化设计模型中每个零件都有对应的材质，根据相关国家钢材标准指定统一的材质命名规则，深化设计人员在建模过程中需保证使用的钢材牌号与国家标准中的钢材牌号相同。

（2）施工过程阶段，需建立统一的施工要素（人、机、料、法、环等）编码体系，规范作业过程，保证施工要素信息的唯一性和可追溯性。

（3）搭建必要的网络、硬件环境，实现数控设备的联网管理，对设备运转情况进行监控，提高设备管理的工作效率和质量。

（4）将物联网技术收集的信息与BIM模型进行关联，不同岗位的工程人员可以从BIM模型中获取、更新与本岗位相关的信息，既能指导实际工作，又能将相应工作成果更新到BIM模型中，使工程人员对钢结构施工信息做出正确理解和高效共享。

（5）打造扎实、可靠、全面、可行的物联网协同管理软件平台，对施工数据的采集、传递、存储、分析、使用等环节进行规范化管理，进一步挖掘数据价值，服务企业运营。

二、技术指标

（1）按照深化设计标准、要求等统一产品编码，采用专业软件开展深化设计工作。

（2）按照企业自身管理规章等要求统一施工要素编码。

（3）采用三维计算机辅助设计（CAD）、计算机辅助工艺规划（CAPP）、计算机辅助制造（CAM）、工艺路线仿真等工具和手段，提高数字化施工水平。

（4）充分利用工业以太网，建立企业资源计划管理系统（ERP）、制造执行系统（MES）、供应链管理系统（SCM）、客户关系管理系统（CRM）、仓库管理系统（WMS）等信息化管理系统或相应功能模块，进行产品全生命周期管理。

（5）钢结构制造过程中可搭建自动化、柔性化、智能化的生产线，通过工业通信网络实现系统、设备、零部件以及人员之间的信息互联互通和有效集成。

（6）基于物联网技术的应用，进一步建立信息与BIM模型有效整合的施工管理模式和协同工作机制，明确施工阶段各参与方的协同工作流程和成果提交内容，明确人员职责，制定管理制度。

三、适用范围

物联网应用技术适用于钢结构深化设计、钢结构工程制作、运输与安装。

四、工程案例

（一）工程概况

该工程建设地点位于海南省海口市琼山区朱云路北段，主要由一栋地上15层、地下3层的塔式产权式酒店及配套设施等组成，项目总用地为7562.83m^2，总建筑面积为37263.55m^2，屋顶最高处标高为67.6m。该工程设计采用矩形钢管混凝土框架——钢支撑体系，地下部分为钢管混凝土结构，地上部分为钢框架支撑结构。主体结构为全钢结构，总质量约为3000t。该工程具有构件截面形式多样、节点构造复杂等特点，钢结构深化部分全面采用Tekla Structures软件进行详图设计，包括搭建构件、节点设计和开发、图纸绘制等内容。

（二）项目重点及难点分析

钢结构建筑工程施工普遍存在构件制作周期长、现场安装风险较大等问题，在进行钢结构深化设计前，首先需要理解施工图所呈现的设计内容，对工程结构类型、施工方式等进行整体把握、全面思考。该工程深化设计重点及难点如

下所列：

（1）快速、准确地完成模型初步搭建：该工程为高层钢框架结构，仅每一结构层钢梁型号就近 50 种，构件数量多且截面多样，如何快速而准确地布置杆件是深化设计首要考虑的问题。

（2）细部节点的准确设计：对节点的深化设计原则上以施工图上的设计要求为基准，但区别于施工图上给出的简要节点，深化时还需考虑节点焊接与装配的可达性，如焊缝尺寸、焊接坡口选择等。该工程复杂节点分布于钢柱、钢梁与斜支撑的连接节点以及钢柱与土建钢筋的连接节点。

（3）复杂构件加工详图的准确表达：钢构件的加工制作是基于钢结构详图开展的。在三维模型完成后，最终需要回归于二维图纸的表达。一旦图纸出现错误，如零件标记错误、尺寸标注错误等，将直接造成构件出现加工错误，安装不了，导致返工和浪费。

（4）运输和安装的合理保证：因构件外形尺寸复杂多变且吨位大，深化设计时需考虑运输和安装条件，合理分段，避免在构件加工完成后出现无法运输或吊装不了的情况。

（三）Tekla Structures 在项目中的应用

（1）模型搭建根据钢框架工程结构特点可以判断，初期建模时钢柱、钢梁等的布置互不干涉，楼层间也分区明显。考虑到工程进度要求，首先确定采用 Tekla Structures 多用户模式建模。在多用户模式下，利用多用户服务器，多人可同一时间访问相同的模型，对钢柱、钢梁等进行分工建模，完成一项操作后在本机上保存就可随时看到其他所有人的进度，这样做避免了复制和合并模型的麻烦，也可以追踪修改模型的时间以及操作人员，方便核查，有效节省了建模的时间。

针对钢框架结构钢梁等杆件数量极多这种情况，选择了先将原设计图纸 DWG 文件导入 Tekla Structures，设定统一截面，导入后再调整规格。这种方法常广泛用于异形结构、管桁架等的建模，可以减少对钢梁布置位置的选择时间，提高建模效率。除利用软件本身提供的常用规格截面库以外，还可按蓝图要求自定义截面，预先在软件中进行梁属性设置并将文件另存，这样在选择钢梁截面时就可以快速调用，建模效率也能得到很大提升。蓝图钢梁截面见表 2–1。

表 2-1　部分钢梁截面（mm）

构件号	名称	截面	材质
KL1	框架梁	H550 × 150 × 10 × 10	Q345B
KL2	框架梁	H550 × 150 × 10 × 12	Q345B
KL3	框架梁	H550 × 180 × 10 × 12	Q345B
KL4	框架梁	H550 × 200 × 10 × 14	Q345B
KL5	框架梁	H550 × 220 × 14 × 20	Q345B
KL6	框架梁	H550 × 220 × 10 × 16	Q345B
KL7	框架梁	H550 × 240 × 10 × 12	Q345B
KL8	框架梁	H550 × 240 × 10 × 20	Q345B
KL9	框架梁	H550 × 250 × 12 × 30	Q345B
KL10	框架梁	H550 × 280 × 10 × 20	Q345B

2. 节点处理

该工程地下室部分需配合土建施工，混凝土梁与钢骨柱连接位置需重点考虑钢筋碰撞后的处理方式。由于施工图达不到施工要求，采用 Tekla Structures 对每一根钢柱周围的钢筋进行放样，得到钢筋的具体位置，并进一步选择用连接板法解决钢筋碰撞问题，在钢柱出厂前就焊接好长度，满足纵筋搭设要求的钢牛腿板，提前做好处理，减轻现场焊接工作量。高层钢框架节点主要有梁梁铰接节点、梁梁刚接节点、梁柱刚接节点、柱撑节点等，其中部分柱撑节点复杂，连接方式多样。采用 Tekla Structures 进行三维建模，对于复杂节点，建模人员可直接根据施工图给出的节点进行切割、焊接，打螺栓，将单个节点处理好，并利用已建好的节点定义用户单元，调整参数，预先保存为自定义的通用节点以方便后期调用。而对于钢框架结构常规节点，则可以直接采用系统提供的组件目录中已有的组件进行创建，如梁梁铰接节点可直接在系统组件中选择全深度或特殊的全深度节点，调整切割、螺栓等参数设置，创建节点即可。

另外，由于钢框架结构杆件众多，且梁与梁、柱与梁的常规连接占了较大比例，若采用传统的 Tekla Structures 节点搭建方法，需要对主构件、次构件依次点选才能创建，这样很容易出现设计错误，降低设计质量，此时建模人员就选择了 Tekla Structures 自动连接作为设计方案。自动连接提供了尺寸、角度、文本名称、截面种类等参数作为判断依据以建立规则，在满足条件的情况下批量创建节点，可有效提升设计效率。

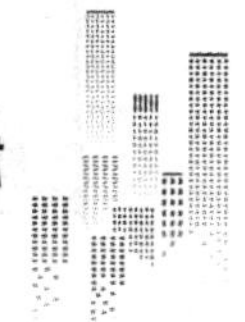

（三）制作加工

图纸是加工厂生产的依据，因此图纸的表达需要准确、无遗漏。Tekla Structures 可直接通过建好的模型创建图纸，只要对图纸中的尺寸标注、零件标注、图框模板等进行调整，就可以直接下发至工厂加工。图纸不仅包含各零件尺寸及零件数量、相对位置、焊缝要求等，还准确编制了材料表及螺栓表。相较于 AutoCAD 出图，Tekla Structures 虽然也是二维图纸，但体现的信息却是三维的每一张图纸都对应了模型里的一部分，当图纸因构件复杂、图幅尺寸小等原因造成识图困难问题时，可在模型中快速找到该图纸对应的构件，并通过旋转、透视进行所需尺寸测量，解决加工难题。

（四）运输和安装

通过与工厂发运组进行沟通，确定需要将钢构件的外形尺寸控制在宽度不超过 3m，长度不超过 15m 的范围内，以方便运输。在该工程深化过程中，通过 Tekla Structures 的放样和测量，尽量将构件节点控制在该范围之内。对于实在无法保证的大构件则采取部分发至现场焊接的方式处理，有效减少了发运工作不畅造成的返工。现场在安装构件前，可通过 Tekla Structures 来确定钢构件的分段方案是否满足现场吊装要求以及分段节点是否满足高空焊接要求。在 Tekla Structures 软件创建的安装布置图上，每一根构件都有一个特殊的编号，施工人员可根据图纸获取构件准确的安装标高、平面位置，确定连接板的方向等。同样，在遇到图纸限于图幅表达不清的情况时，施工人员也可直接访问模型或模型导出的网页文件，定位到具体区域，直观、立体地将信息呈现出来。

（五）设计变更处理

该工程在深化设计阶段中，由于设计方蓝图多次变更，导致深化图纸也需多次修改。在软件中，图纸是模型的映射。由于模型与图纸具有关联性，因此，在发生设计变更后，可以直接调整模型来得到图纸的变更。另外，在蓝图变动位置太多的情况下，可以利用参考模型的选项进行变更处理，参考模型是通过调整显示设置，可以在窗口中显示新版模型、旧版模型或只显示新版本插入的新构件、新版本中删除的构件等，经调整显示设置以检视模型变更的部分。在变更完成后，相关的平面视图会自动加上云线，可有效节省人工比对变更的时间，增加了变更作业的便利性及顺畅度。调整设计变更后的图纸，即可下发工厂完成变更。

（六）实施效果

利用 Tekla Structures 对该工程进行三维建模，充分表达出了设计意愿，全面展示了所需工程信息，体现出软件的优越性。随着现代建筑的多元化发展，会出现越来越多造型复杂的钢结构工程，钢框架结构作为一种常规结构，其三维模型的搭建、节点的处理方式等都会对后期项目的深化设计起到一定借鉴意义。

第二节 钢结构智能测量技术

一、技术内容

钢结构智能测量技术是指在钢结构施工的不同阶段，采用基于全站仪、电子水准仪、全球定位系统（GPS）、北斗卫星定位系统、三维激光扫描仪、数字摄影测量、物联网、无线数据传输、多源信息融合等多种智能测量技术，解决特大型、异型、大跨径和超高层等钢结构工程中传统测量方法难以解决的测量速度、精度、变形等技术难题，实现对钢结构安装精度、质量与安全、工程进度的有效控制。钢结构智能测量技术主要包括以下内容。

（一）高精度三维测量控制网布设技术

采用全球定位系统（GPS）空间定位技术或北斗空间定位技术，利用同时智能型全站仪 [具有双轴自动补偿、伺服马达、自动目标识别（ATR）功能和机载多测回测角程序] 和高精度电子水准仪以及条码因瓦水准尺，按照现行《工程测量规范》（GB 50026—2007），建立多层级、高精度的三维测量控制网。

（二）钢结构地面拼装智能测量技术

使用智能型全站仪及配套测量设备，利用具有无线传输功能的自动测量系

统，结合工业三坐标测量软件，实现空间复杂钢构件的实时、同步、快速地面拼装定位。

（三）钢结构精准空中智能化快速定位技术

采用带无线传输功能的自动测量机器人对空中钢结构安装进行实时跟踪定位，利用工业三坐标测量软件计算出相应控制点的空间坐标，并同对应的设计坐标相比较，及时纠偏、校正，实现钢结构快速、精准安装。

（四）基于三维激光扫描的高精度钢结构质量检测及变形监测技术

采用三维激光扫描仪，获取安装后的钢结构空间点云，通过比较特征点、线、面的实测三维坐标与设计三维坐标的偏差值，从而实现钢结构安装质量的检测。该技术的优点是通过扫描数据点云可实现对构件的特征线、特征面进行分析比较，比传统检测技术更能全面反映构件的空间状态和拼装质量。

（五）基于数字近景摄影测量的高精度钢结构性能检测及变形监测技术

利用数字近景摄影测量技术对钢结构桥梁、大型钢结构进行精确测量，建立钢结构的真实三维模型，并同设计模型进行比较、验证，确保钢结构安装的空间位置准确。

（六）基于物联网和无线传输的变形监测技术

通过基于智能全站仪的自动化监测系统及无线传输技术，融合现场钢结构拼装施工过程中不同部位的温度、湿度、应力应变、全球定位系统（GPS）数据等传感器信息，采用多源信息融合技术，及时汇总、分析、计算，全方位反映钢结构的施工状态和空间位置等信息，确保钢结构施工的精准性和安全性。

二、技术指标

（一）高精度三维控制网技术指标

相邻点平面相对点位中误差不超过 3mm，高程上相对高差中误差不超过 2mm；单点平面点位中误差不超过 5mm，高程中误差不超过 2mm。

（二）钢结构拼装空间定位技术指标

拼装完成的单体构件即吊装单元，主控轴线长度偏差不超过 3mm，各特征点监测值与设计值 [（X、Y、Z）坐标值] 偏差不超过 10mm。具有球结点的钢构件，检测球心坐标值 [（X、Y、Z）坐标值] 偏差不超过 3mm。构件就位后各端口坐标 [（X、Y、Z）坐标值] 偏差均不超过 10mm，且接口（共面、共线）错台不超过 2mm。

（三）钢结构变形监测技术指标

所测量的三维坐标 [（X、Y、Z）坐标值] 观测精度应达到允许变形值的 1/20 ~ 1/10。

三、适用范围

钢结构智能测量技术适用于大型复杂或特殊复杂、超高层、大跨度等钢结构施工过程中的构件验收、施工测量及变形观测等。

四、工程案例

（一）工程概况

该工程位于武汉市江岸区中心城区，东临长江，面向风景如画的江滩公园。主塔楼最高点高达 436m，地下 2 层，地上 73 层，总建筑面积 166807.73m^2。三个塔楼的翱翔姿态加上底部辅楼，是以长江中畅游的船只形体为灵感的，其充满动感的独特身姿，寓意是武汉市发展如一艘旗舰扬帆起航，因此是武汉市地标建筑。

项目的主塔楼钢结构主要分布在塔楼外框与核心筒结构中，总用钢量约为 3.0×10^4t。地上主体结构体系为外框劲性框架 + 劲性核心筒 + 伸臂桁架 + 腰桁架体系，主塔楼钢结构由外框架 + 核心筒 + 桁架层 + 塔冠桅杆四部分组成。超高层建筑物在进行钢结构施工时，存在结构自重大、结构复杂和高空对接等难点。在钢结构安装就位后，由于钢结构自身荷载及其他荷载，结构会发生变形，影响施工精度与安全。严格控制核心筒主体钢框架水平和垂直两个方向的变形，是关系整栋建筑物的完整性和安全性关键工序。为有效监测核心筒主体钢框架变形，

施工单位采用三维激光扫描的 BIM 技术方案，实时掌握钢框架主体变形，有效提高了 BIM 技术管理的时效性和便捷性。

（二）基于三维激光扫描的 BIM 技术在建筑施工变形监测的应用

从三维激光扫描的测量原理与测量过程可知，三维激光扫描以网格扫描方式，生成高精度、高密度、高速度的测量点，采集的是一系列点云数据。这些点云数据，首先通过云处理软件 Cyclone 生成点云模型；然后通过计算机辅助设计（CAD）软件插件 CloudWorx 精确获取目标点云的数据信息，直接导入计算机辅助设计（CAD）软件，进行数据分析；或将点云模型中的特征点在 Cyclone 软件中连接，直接导入第三方设计软件（用于钢结构设计的软件如犀牛 Rhino 或 Tekla Structures），用来进行三维建模并与设计模型进行拟合分析；然后将分析数据添加至模型属性中，形成数据分析 BIM 模型，从数据变化中分析出建筑物的变形趋势，为建筑物施工过程和后期建筑物健康监测提供可靠的数据支撑。

（三）基于三维激光扫描的 BIM 技术在超高层钢结构塔楼变形监测中的应用

该项目主要从数据采集、数据导入、数据处理、建立 BIM 管理模型来对钢框架主体的变形进行监测，来探讨三维激光扫描 BIM 技术在超高层钢框架变形监测中的应用。

1. 三维激光扫描变形监测的数据获取

（1）扫描前的准备。扫描之前对现场进行勘察，确定目标构件扫描仪的架站位置。在保证质量的前提下，节约时间和扫描数据量，为后续的数据处理打好基础；同时为保证扫描仪精度及框架梁旁弯的数值，在特定区域贴上提前布置好徕卡 P40 专用 4.5in（11.43cm）黑白标靶。扫描采用独立架站方式，扫描基本分辨率使用 6.3mm × 10m，在框架梁部分采用 3.1mm × 10m，保证点云密度约 1mm，以更好地记录现实情况。钢结构框架上每隔 1.0 ~ 1.5m 贴徕卡 P40 专用黑白标靶，原则是均匀分布现场扫描。

（2）扫描标靶。点云扫描完毕，每站进行标靶扫描。标靶扫描分为三部分：第一部分为扫描后期用于对站站之间数据进行拼接的标靶，原则上保证站站之间有两个公共标靶；第二部分为根据提前划定中线位置贴制的标靶，用于后续虚拟安装时定义控制标准；第三部分为扫描框架梁侧面及顶部的标靶，通过点位坐标测量轴系的偏差来计算框架梁的侧挠，同时通过对比标靶点位之间的距离与全站仪数据，验证扫描仪精度。

2. 数据的处理

（1）数据的导入。使用徕卡 P40 设备云处理软件 Cyclone 进行数据导入，并进行点云的浏览、查看。通过 Cyclone Register 模块进行站站之间的数据自动拼接，生成专业的拼接报告并输出。使用徕卡 P40 专用 4.5in（11.43cm）标靶，可将站站之间整体拼接精度控制在 ±2mm 以下。Cyclone Register 模块生成站点拼接报告，站点信息、拼接精度一目了然。

（2）数据的过滤与提取。各个部分拼接完成之后，进行数据的过滤和去噪，目的是保留对后续成果有用的点云，将无关的点云全部删除或屏蔽。

3. 三维激光扫描 BIM 技术的变形监测

（1）三维激光扫描监测钢框架主体水平方向变形。在钢材切割、组对、焊接、安装等施工过程中存在的热量与内应力集中的变形称为旁弯。监测旁弯是控制构件水平方向结构变形的有效手段之一。在该工程中，施工单位利用三维激光扫描技术监测框架梁变形，得到主体框架梁的旁弯数据，同时利用高精度全站仪（徕卡 TCR1202+）的测量数据来验证此数据的可靠性（见表 2–2）。

表 2-2　框架梁旁弯数据分析

点号	旁弯 /mm		偏差 /mm	方差 /mm^2	点号	旁弯 /mm		偏差 /mm	方差 /mm^2
	全站仪	扫描仪				全站仪	扫描仪		
1	0.00	0.00	0.00	0.03	10	–5.08	–6.0	0.92	0.08
2	–2.17	–1.8	–0.37	0.38	11	–4.98	–6.1	1.12	–0.27
3	–2.05	–1.3	–0.75	1.08	12	–3.76	–4.6	0.84	0.11
4	–3.08	–2.4	–0.68	1.09	13	–4.25	–4.0	–0.25	0.48
5	–4.11	–3.1	–1.01	2.10	14	–2.14	–2.6	0.46	0.02
6	–4.03	–3.8	–0.23	0.63	15	–0.92	–1.6	0.68	0.00
7	–3.72	–3.1	–0.62	1.58	16	0.93	–0.4	1.33	0.44
8	–3.79	–4.5	0.71	0.00	17	0.00	0.00	0.00	0.07
9	–3.21	–5.0	1.79	1.06					

由表 2–2 可知，采用扫描仪与全站仪分别检测框架梁旁弯数据的总体走势一致，且各自最大值（均符合工艺要求不大于 8mm）对应点相同。另外，分别对比扫描仪与全站仪检测数据，其偏差不大于 2mm 且方差很小，即数据波

动小，由此可见，此监测变形的技术可靠。

（2）三维激光扫描与BIM技术结合进行垂直方向变形监测。该商务楼主体钢框架高达436m，地上73层。墙角处由组合框架柱＋钢筋混凝土组成筒体剪力墙结构。筒体剪力墙主要承受风荷载或地震作用引起的水平荷载和竖向荷载（重力），为防止结构剪切（受剪）破坏，因此需严格控制筒体剪力墙的垂直度。现场采用三维激光扫描，以西南角筒体剪力墙变形为例探讨垂直方向监测方法。

第1步：合理设置切割面，利用CloudWrox插件进行点云切割，生成结构断面线，结构断面线导入CAD进行精确测量。第1次切割断面实测值与设计值对比。

第2步：为观测筒体剪力墙整体倾斜度，工作人员根据拼接位置，设置5次切割面，利用CloudWrox插件进行点云切割，生成5个断面线，断面线导入AutoCAD进行垂直重叠观测，测出第1次至第5次切割断面Z方向的偏差值。

第3步：根据点云模型，调取筒体剪力墙监测控制点，连接轮廓线，将其导入第三方钢结构建模软件（用于钢结构建模的软件，如犀牛Rhino或Tekla Structures），形成钢框架筒体BIM模型，并根据实测数据，添加模型各种变形属性，为后期施工和变形监测提供详细的数据支撑。（注：软件建模规则为当柱末端偏移不一致时，需用梁的命令创建柱模型，因此对话框中显示梁的属性。）同时根据工程进度要求和《钢结构工程施工质量验收规范》（GB 50205—2001）要求，定期对钢框架筒体进行变形监测，逐步完善BIM管理模型，并根据数据分析出建筑物变形趋势，为后期运营管理提供大数据支持。

（四）工程总结

探索三维激光扫描BIM技术对超高层钢结构变形监测方面的应用，既是对BIM技术的补充，也是对三维激光扫描测量技术领域的拓展，为未来超高层建筑的变形监测提供了崭新的思路。

第三节　钢结构虚拟预拼装技术

一、技术内容

（一）虚拟预拼装技术

采用三维设计软件，将钢结构分段构件控制点的实测三维坐标，在计算机中模拟拼装形成分段构件的轮廓模型，与深化设计的理论模型拟合比对，检查分析加工拼装精度，得到所需修改的调整信息。相关信息经过必要校正、修改与模拟拼装，直至满足精度要求。

（二）虚拟预拼装技术主要内容

（1）根据设计图文资料和加工安装方案等技术文件，在构件分段与胎架设置等安装措施可保证自重受力变形不致影响安装精度的前提下，建立设计、制造、安装全部信息的拼装工艺三维几何模型，完全整合形成一致的输入文件，通过模型导出分段构件和相关零件的加工制作详图。

（2）构件制作验收后，利用全站仪实测外轮廓控制点三维坐标。

①设置相对于坐标原点的全站仪测站点坐标，仪器自动转换和显示位置点（棱镜点）在坐标系中的坐标。

②设置仪器高和棱镜高，获得目标点的坐标值。

③设置已知点的方向角，照准棱镜测量，记录确认坐标数据。

（3）计算机模拟拼装，形成实体构件的轮廓模型。

①将全站仪与计算机连接，导出测得的控制点坐标数据，导入 Excel 表格，换成（X，Y，Z）格式。收集构件的各控制点三维坐标数据、整理汇总。

②选择复制全部数据，输入三维图形软件。以整体模型为基准，根据分段构件的特点，建立各自坐标系，绘出分段构件的实测三维模型。

③根据制作安装工艺图的需要，模拟设置胎架及其标高和各控制点坐标。

④将分段构件的自身坐标转换为总体坐标后，模拟吊上胎架定位，检测各控制点的坐标值。

（4）将理论模型导入三维图形软件，合理地插入实测整体预拼装坐标系。

（5）采用拟合方法，比对构件实测模拟拼装模型与拼装工艺图的理论模型，得到分段构件和端口的加工误差以及构件间的连接误差。

（6）统计分析相关数据记录，对于不符合规范允许公差和现场安装精度的分段构件或零件，修改、校正后重新测量、拼装、比对，直至符合精度要求。

（三）虚拟预拼装的实体测量技术

（1）无法一次性完成所有控制点测量时，可根据需要，设置多次转换测站点。转换测站点应保证所有测站点坐标在同一坐标系内。

（2）现场测量地面难以保证绝对水平，每次转换测站点后，仪器高度可能会不一致，故设置仪器高度时应以周边某固定点高程作为参照。

（3）同一构件上的控制点坐标值的测量应保证同一人同一时段完成，保证测量准确和精度。

（4）所有控制点均取构件外轮廓控制点，如遇到端部有坡口的构件，控制点取坡口的下端，且测量时用的反光片中心位置应对准构件控制点。

二、技术指标

预拼装模拟模型与理论模型比对取得的几何误差应满足《钢结构工程施工规范》（GB 50755—2012）和《钢结构工程施工质量验收规范》（GB 50205—2001）以及实际工程使用的特别需求。无特别需求情况下，结构构件预拼装主要允许偏差如下：预拼装单元总长为 ±5.0mm；各楼层柱距为 ±4.0mm；相邻楼层梁与梁之间距离 ±3.0mm；拱度（设计要求起拱）为 ±1/5000；各层间框架两对角线之差为 H/2000，且不应大于 5.0mm；任意两对角线之差为 Σ H/2000，且不应大于 8.0mm；接口错边为 2.0mm；节点处杆件轴线错位为 4.0mm。

三、适用范围

钢结构虚拟预拼装技术适用于各类建筑钢结构工程，特别适用于大型钢结构工程及复杂钢结构工程的预拼装验收。

四、工程案例

（一）工程概况

某金融中心主楼整体结构共计 7 道加强层桁架，其中第 6 道、第 1 道桁架分别设置在 L97 ~ L99 层、L114 ~ L115 层之间。巨型柱间的带状桁架杆件均为双 H 形构件，板厚为 25mm、40mm、70mm；角部加强桁架为单 H 形构件，板厚为 50mm、60mm、80mm；伸臂桁架为箱形及 H 形构件，板厚为 45mm，100m；带状桁架单榀质量达 185t，长 26m，宽 2.8m，高 5.6m。根据预拼装方案，结合加工任务安排，拟对 L97 ~ L99 层、L114 ~ L115 层带状桁架中的单榀采用实体预拼装外，其余带状桁架、角部加强桁架采用计算机模拟预拼装，以在保证构件质量的同时，节约实体预拼装的时间，从而有效保证现场工期。

（二）方法原理

采用钢结构三维设计软件 Tekla Structures 构建三维理论模型，对加工完成的实体构件进行各控制点三维坐标值测量，用测量数据在计算机中构造实测模型，通过实测在计算机中形成的轮廓模型与理论模型进行拟合比对，并进行模拟拼装，检查拼装干涉和分析拼装精度，得到构件加工所需要修改的调整信息。

（三）模型建立及桁架各单元控制点划分

按要求建立模型后，根据设计提供的模型及配套的深化设计图纸，将整榀桁架划分为多个单元。

（四）桁架各单元控制点测量

构件制作完成后应进行验收，同时利用全站仪对制作完成的构件进行实测，主要对构件外轮廓控制点进行三维坐标测量。首先应设置全站仪测站点坐标，通过设置测站点相对于坐标原点的坐标，仪器可自动转换和显示位置点（棱镜点）

在坐标系中的坐标；其次是设置仪器高和棱镜高，用于获得目标点 2 的坐标值；最后设置好已知点的方向角，照准棱镜开设测量，此过程中须安排监理进行旁站监督，并对实测数据进行签字确认，以保证数据的真实有效性。

在全站仪无法一次性完成对构件所有控制点进行测量且需要多次转换测站点时，转换测站点应保证所有测站点坐标系在同一坐标系内。同时，由于不能保证现场测量地面的绝对水平，每次转换测站点后仪器高度可能会不一致，因此在转换测站点后设置仪器高度时应以周边某固定点高程作为参照。对于同一构件上的控制点坐标值的测量应保证在同一时段完成，以保证测量坐标的准确和精度。

所有桁架各单元控制点均取构件外轮廓控制点，如遇到端部有坡口的构件，控制点取坡口的下端，且测量时用的反光片中心位置应对准构件控制点。

（五）数据转换

将全站仪与计算机连接，导出测量所得坐标控制点数据，将坐标点导入 Excel 表格，并在同一单元格内将坐标换成（X，Y，Z）格式，依次输入数值，得到（XU）坐标值，然后将全部数据复制在 CAD 软件界面中，输入“SPLINE”或“LINE”命令，从而得到构件的实测三维模型。

（六）构件拟合

将单榀构件的理论模型导入 AutoCAD 软件界面中，采用“AL”命令拟合方法将构件实测模型和理论模型进行比较，得到分段构件的制作误差，若误差在规范允许范围内，则可进行下一步模拟拼装，如偏差较大，则须将构件修改校正或重新加工后再重新测量。在构件拟合过程中应不断调整起始边重合，选择其中拟合偏差值较小的为准。

（七）桁架模拟预拼装

对桁架上、下弦杆各控制点进行三维坐标数据收集、整理汇总，并依据设计提供的理论模型将其合理地放在实测的坐标系中，对各控制点逐个进行拟合比对，检查各连接关系是否满足设计及相关要求，如有偏差应及时调整，并形成相关数据记录。

最终根据统计分析表的数据偏差大小是否超出规范要求来调整相关杆件的尺

寸，调整加工或重新加工后再进行计算机拟合比对，直至符合要求。

第四节　钢结构滑移、顶（提）升施工技术

一、技术内容

滑移施工技术是在建筑物的一侧搭设一条施工平台，在建筑物两边或跨中铺设滑道，所有构件都在施工平台上组装，分条组装后用牵引设备向前牵引滑移（可用分条滑移或整体累积滑移）。结构整体安装完毕并滑移到位后，拆除滑道实现就位。滑移可分为累积滑移法、胎架滑移法和主结构滑移法。牵引系统有卷扬机牵引、液压千斤顶牵引与顶推系统等。结构滑移设计时要对滑移工况进行受力性能验算，保证结构的杆件内力与变形符合规范和设计要求。

整体顶（提）升施工技术是一项成熟的钢结构与大型设备安装技术，它集机械、液压、计算机控制、传感器监测等技术于一体，解决了传统吊装工艺和大型起重机械在起重高度、起重质量、结构面积、作业场地等方面无法克服的难题。顶（提）升方案的确定,必须同时考虑承载结构（永久的或临时的）和被顶（提）升钢结构或设备本身的强度、刚度和稳定性。要验算施工状态下结构整体受力性能，并计算各顶（提）点的作用力，配备顶（提）升千斤顶。对于施工支架或下部结构及地基基础应验算承载能力与整体稳定性，保证在最不利工况下足够的安全性。施工时各作用点的不同步值应通过计算合理选取。

顶（提）升方式选择的原则，一是力求降低承载结构的高度，保证其稳定性，二是确保被顶（提）升钢结构或设备在顶（提）升中的稳定性和就位安全性。确定顶（提）升点的数量与位置的基本原则是：首先保证被顶（提）升钢结构或设备在顶（提）升过程中的稳定性；在确保安全和质量的前提下，尽量减少顶（提）升点数量；顶（提）升设备本身承载能力符合设计要求。顶（提）升设备选择的原则是：能满足顶（提）升中的受力要求，结构紧凑、坚固耐用、维修

方便、满足功能需要 [如行程、顶（提）升速度、安全保护等]。

二、技术指标

在计算滑移牵引力时，当钢与钢面滑动摩擦时，摩擦因数取 0.12 ~ 0.15；当滚动摩擦时，滚动轴处摩擦系数取 0.1；当不锈钢与聚四氟乙烯板之间的滑靴摩擦时，摩擦因数取 0.08。

整体顶（提）升方案要验算施工状态下结构整体受力性能，依据计算所得各顶（提）点的作用力配备千斤顶。提升用钢绞线安全系数：上拔式提升时，应大于 3.5；爬升式提升时，应大于 5.5。正式提升前的试提升需悬停静置 12h 以上并测量结构变形情况。相邻两提升点位移高差不超过 2cm。

三、适用范围

滑移施工技术适用于大跨度网架结构、平面立体桁架（包括曲面桁架）及平面形式为矩形的钢结构屋盖的安装施工、特殊地理位置的钢结构桥梁，特别是由于现场条件的限制，吊车无法直接安装的结构。

整体顶（提）升施工技术适用于体育场馆、剧院、飞机库、钢连桥（廊）等具有地面拼装条件且有较好的周边支承条件的大跨度屋盖钢结构，电视塔、超高层钢桅杆、天线、电站锅炉等超高构件，大型龙门起重机主梁、锅炉等大型设备。

四、工程案例

（一）结构概况

某国际会展中心展览大厅屋盖钢结构是由 30 榀张弦桁架、若干竖桁架及檩条等组成的大跨度结构，每榀桁架间距为 15m，跨距为 126.6m，单榀质量约为 150t。由于该屋盖钢结构固定于混凝土结构之上，若采用散件原位拼装的方法进行安装，需要搭设大量的承重支承结构，同时还要考虑混凝土结构的承载能力，薄弱的部位要进行局部加固，增加施工措施，延长施工周期。若采用整榀桁架吊装，则需要选择起重能力较大的设备，同时要对大型设备的停机位置进行加固处理，大大提高了施工成本。

通过研究对比，确定采用桁架地面单榀组装，高空节间拼装（由 2 榀桁架组成 1 个节间），5 个节间拼成 1 个单元（有 6 榀桁架），然后将单元整体牵引到位的安装方法。整个屋面桁架由 5 个单元组成。虽然在拼装单元时就进行牵引移位，但最大的牵引体为 1 个单元。1 个单元的跨度为 126m，长度为 90m，牵引的计算质量为 1575t，单元牵引的最大距离为 200m。

（二）计算机同步控制整体滑移系统的确定

计算机同步控制整体滑移系统采用液压设备进行牵引的方式，可以分为滑移系统、牵引系统及计算机同步控制系统。

1. 滑移系统

滑移系统由轨道及滑靴组成。滑靴与钢结构连接，牵引过程中，在轨道内滑行。轨道采用槽钢结构，既可以作为滑移的导向，也可以确保滑移过程中整体结构的轴向偏差在可控范围内。轨道固定在预埋于混凝土结构的埋件上，并利用型钢（如槽钢）进行侧向定位。轨道的两端是主结构设计要求的固定支座安装位置，因此支座处专门设计一段可拆除轨道，保证整体结构滑移到位后，卸载转换到固定支座上。

滑靴采用承载能力为 30t 的滚轮小车。在以前同类施工过程中，大多采用带有减摩材料的滑块作为滑移设备，这样虽然构造简单，一定程度上减小了摩擦力，但由于是滑动摩擦，摩擦力远大于滚动摩擦，所需的牵引力增大，增加了牵引设备的投入，且由于滑块在滑移过程中损耗极大且为一次性使用设备，无法重复使用，造成施工成本的增加。此次施工使用可载重的滚轮小车作为滑移设备，它结构简单，使用方便，并且是滚动摩擦，摩擦力大大减小，使得牵引设备的质量可以大大降低。滚轮小车作为设备可反复投入使用，这样节省了设备投入，降低了施工成本。根据该工程具体工况选用了承载能力为 30t 的滚轮小车，但根据产品规格还有承载能力为 80t 甚至更高承载能力的定型产品可供选择，因此在以后的同类工程施工中，还可以根据不同的施工工况选用其他定型载重滚轮小车。

根据单元的组成，将牵引滑移的支承点设在每榀桁架的两端，每个支承点设 1 组承重车组。假设单元承载能力均布，则整个屋盖单元由 24 个车组承重，每个车组承受 1575/24=65.625t 承载能力。采用 ER-30 型滚柱载重小车（额定承载

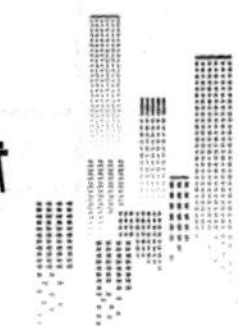

能力为 30t），在槽钢中行走，则用 3 台滚轮小车就可以了（3 台小车的额定承载能力为 90t，90/65.625=1.37，此时要求 3 台小车受力均匀，即要求滚道平整）。根据试验情况，滚轮小车的摩擦因数为 1.5% 左右，摩擦因数计为 2% 应该是较为保险的。

在实际施工过程中，桁架一端的每组承重车组采用单排 3 台滚轮小车；桁架另一端的每组承重车组采用双排 4 台滚轮小车。

无论是 3 台小车还是 4 台小车组成的车组均要求小车架上平面与车架框下平面接触均匀。各小车的滚轮应在同一平面，相互之间的高差不大于 0.2mm。车组上铰座顶面离滑槽面的高度可以利用调整螺栓来调整定位。

牵引车组按照要求组装后，在装入滑道之前，将小车浸入润滑油（机油）中进行润滑，以免加快滚轮的磨损。牵引车组放入滑道时应对中，车组应与滑道平行不得歪斜。

2. 牵引系统

牵引系统由液压泵站、穿心式液压千斤顶、钢绞线、固定反力架等组成。

屋盖单元计算质量为 1575t，牵引力为 315kN，屋盖单元两端的固定支反力如果相等，则两端的牵引力各为 157.5kN。该工程采用 LSCMO 型穿心式提升千斤顶（额定提升能力 400kN），牵引索采用单根 ϕ5.24mm 的高强度低松弛钢绞线（破断拉力为 260kN），用 2 根索牵引屋盖单元的一侧（总破断拉力为 520kN，520/157.5=3.3）。后期牵引时出于安全考虑，一侧采用 3 根索。

3. 同步控制系统

同步控制的实现，是以一个千斤顶作为基准，另一个千斤顶作为跟随。当跟随千斤顶伸出长度少于基准千斤顶达到一定数值后，基准千斤顶停止伸缸，跟随千斤顶伸缸；同理当跟随千斤顶伸出长度大于基准千斤顶达到一定数值后，跟随千斤顶停止伸缸，基准千斤顶继续伸缸。数值参数可任意设置，以满足不同工况要求，将两端牵引偏差控制在设计允许的范围内。

控制系统由 1 个总控箱和 2 个分控箱组成。每个分控箱控制 1 台液压泵站。各分控箱与总控箱通过通信线连接，总控箱对各分控箱采集信号并发出控制指令。总控箱可以自动控制 2 个或多个牵引点同步牵引滑移，当总控箱解除联锁，每个分控箱可以单独控制某个牵引点的滑移。在牵引过程中，每完成一个动作，就会触发相应的状态信号发送给计算机，计算机将此状态信号为条件做下一个相应动作。

（三）大跨度复杂钢结构屋盖的施工过程

1. 计算机同步控制整体滑移的实施

反力架安装到牵引点，与滑道埋件焊接，反力架后端用钢筋或槽钢与后面的滑道焊牢。牵引千斤顶安放到反力架上用螺栓固定。

连接设置好控制阀组、液压泵站和操作控制柜。

牵引系统、液压系统、计算机同步控制系统安装完毕后进行空载调试（牵引钢绞线不穿入千斤顶），空载调试完成后安装好牵引钢绞线。

牵引之前清理轨道，清理干净的滑槽内（两侧和底部）均匀地涂抹上润滑油，不涂抹润滑脂以免沾染杂物。

牵引时，在牵引千斤顶位置、液压泵站位置、位移测量位置、滚轮载重小车、滑道等部位派专人监护，随时注意千斤顶伸缩、上下锚具更替开闭、液压泵站运转、压力变化、桁架中心位移距离、滚轮载重小车运转、滑道清洁润滑等情况。牵引时桁架南北两侧牵引点的前后差不得超过 500mm，当牵引点超差时应做调整。在牵引到达指定位置之前约 200mm 处，停止整体牵引，由操作人员逐渐调整到位。在牵引到位位置应设置挡块，以免牵引过头。

2. 大跨度复杂钢结构屋盖的整体落架

当 6 榀桁架组成的屋盖单元牵引到位后，控制牵引千斤顶使钢绞线松弛下来，拆除钢绞线固定锚。牵引过程中，钢结构屋盖的荷载通过滑靴作用到轨道上，因此滑移到位后，要将其安全转换到设计指定的固定支座上。为保证安全落架，该工程采用液压自锁千斤顶集群工作的方式。

首先，利用 24 只液压自锁千斤顶将结构顶起，使钢结构的荷载转换到集群千斤顶上。集群千斤顶的布置既要保证结构局部承载力可行，又要避开固定支座空间位置。然后，将滑靴及可拆卸轨道拆除，安装固定支座。确保固定支座可靠安装后，集群千斤顶同步工作，下降整体钢结构，落架至支座上，进行固定，整体钢结构屋盖安装完成。

第三章　建筑工程质量管理基础

质量管理是指确定质量方针、目标和职责，并通过质量体系中的质量策划、控制、保证和改进来使其实现的全部活动。

质量管理的发展大致经历了三个阶段，即质量检验阶段（20 世纪 20 年代到 40 年代）、统计质量控制阶段（20 世纪 40 年代到 60 年代）、全面质量管理阶段（20 世纪 60 年代至今）。

我国自 1978 年开始推行全面质量管理，并取得了一定成效。自全面实施工程建设监理制以来，质量管理由国家统一领导进行宏观控制（建设行政主管部门、质量监督机构）、微观管理（工程建设监理），形成了全国统一的，以市场和用户需要为基准、以专管与群管相结合、以行政措施为手段的管理方式。

全面质量管理包括以下几项：

（1）全面的质量，包括产品质量、服务质量、成本质量。

（2）全过程的质量，是指质量贯穿于生产的全过程，用工作质量来保证产品质量。

（3）全员参与的质量，对员工进行质量教育，强调全员把关，组成质量管理小组。

（4）全企业的质量，目的是建立企业质量保证体系。

第一节　建筑工程质量管理

建筑工程质量可分为狭义和广义。狭义的建筑工程质量主要是指从使用功能上，强调的是实体质量，例如，基础是否坚固耐久、主体结构是否安全可靠、采光和通风等效果是否达到预定要求、是否合理等；广义的建筑工程质量不仅包括建筑工程的实体质量，还包括形成建筑工程的实体质量的工作质量。工作质量是指参与建筑工程的建设者在整个建设过程中，为了保证建筑工程实体质量所从事工作的水平和完善程度，包括社会工作质量、生产过程工作质量。

一、建筑工程质量的特点

建筑工程产品质量与一般的产品质量相比，建筑工程质量具有影响因素多、隐蔽性强、终检局限性大、对社会环境影响大、建筑工程项目周期长等特点。

（一）影响因素多

建筑工程项目从筹建开始决策、设计、材料、机械、环境、施工工艺、管理制度以及参建人员素质等均直接或间接地影响建筑工程质量。因此，它具有受影响因素多的特点。

（二）隐蔽性强，终检局限性大

目前，建筑工程存在的质量问题，一般事后从表面上看质量很好，但是这时可能混凝土已经失去了强度，钢筋已经被锈蚀得完全失去了作用，诸如此类的建筑工程质量问题在工程终检时是很难通过肉眼判断出来的，有时即使使用了检测仪器和工具，也不一定能准确地发现问题。

（三）对社会环境影响大

与建筑工程规划、设计、施工质量的好坏有着密切联系的不仅是建筑的使用者，而且是整个社会。建筑工程质量不但直接影响人民群众的生产生活，而且还影响着社会可持续发展的环境，特别是有关绿化、环保和噪声等方面的问题。

二、影响建筑工程质量的因素

建筑工程项目在业主建设资金充足的情况下，影响建筑工程质量的因素归纳起来主要有五个方面，即人（Man），材料（Material），机械（Machine）、方法（Mathod）和环境（Enviornment），简称 4M1E 因素。

（一）人员因素

人是生产经营活动的主体，人员的素质将直接和间接地对规划、决策、勘察、设计和施工的质量产生影响，而规划是否合理，决策是否正确，设计是否符合所需要的质量功能，施工能否满足合同、规范、技术标准的需要等，都将对建筑工程质量产生不同程度的影响，所以，人员素质是影响工程质量的一个重要因素。

（二）工程材料

工程材料泛指构成工程实体的各类建筑材料、构配件、半成品等。其是工程建设的物质条件，工程材料选用是否合理、产品是否合格、材质是否经过检验、保管使用是否得当等，都将直接影响工程的质量。

（三）机械设备

机械设备可分为两类：一是指组成工程实体及配套的工艺设备和各类机具，如电梯；二是指施工过程中使用的各类机具设备，如各类测量仪器和计量器具等，简称施工机具设备。机具设备对工程质量也有重要的影响。工程用机具设备产品质量的优劣，直接影响工程使用功能质量。

（四）工艺方法

工艺方法是指施工现场采用的施工方案，包括技术方案和组织方案。前者如施工工艺和作业方法；后者如施工区段空间划分及施工流向顺序、劳动组织等。在工程施工中，施工方案是否合理，施工工艺是否先进，施工操作是否正确，都将对工程质量产生重大的影响。大力推进采用新技术、新工艺、新方法，不断提高工艺技术水平，是保证工程质量稳定提高的重要因素。

（五）环境条件

环境条件是指对工程质量特性起重要作用的环境因素。其包括：工程技术环境，如工程地质、水文、气象等；工程作业环境，如施工环境作业面大小、防护等；工程管理环境，主要是指工程实施的合同结构与管理关系的确定等；周边环境，如工程邻近的地下管线、建（构）筑物等。环境条件往往对工程质量产生特定的影响。

三、建筑工程质量控制的（PDCA 循环）方法

PDCA 循环是指由计划（Plan）、实施（Do）、检查（Check）和处理（Action）四个阶段组成的工作循环，它是一种科学管理程序和方法，工作步骤如下。

（一）计划（Plan）

计划阶段包含以下四个步骤。

第一步，分析质量现状，找出存在的质量问题。首先，要分析企业范围内的质量通病，也就是工程质量上的常见病和多发病；其次，针对工程中的一些技术复杂、难度大的项目，质量要求高的项目，以及新工艺、新技术、新结构、新材料等项目，要依据大量的数据和情报资料，让数据说话，用数理统计方法来分析反映问题。

第二步，分析产生质量问题的原因和影响因素。这一步也要依据大量的数据，应用数理统计方法，并召开有关人员和有关问题的分析会议，最后，绘制成因果分析图。

第三步，找出影响质量的主要因素。为找出影响质量的主要因素，可采用的方法有两种：一是利用数理统计方法和图表；二是当数据不容易取得或者受时间限制来不及取得时，可根据有关问题分析的意见来确定。

第四步，制订改善质量的措施，提出行动计划，并预计效果。在进行这一步时，要反复考虑并明确回答以下“5W1H”问题。

（1）为什么要采取这些措施？为什么要这样改进？即要回答采取措施的原因。（Why）

（2）改进后能达到什么目的？有什么效果？（What）

（3）改进措施在何处（哪道工序、哪个环节、哪个过程）执行？（Where）

（4）什么时间执行，什么时间完成？（When）

（5）由谁负责执行？（Who）

（6）用什么方法完成？用哪种方法比较好？（How）

（二）实施（Do）

实施阶段只有一个步骤，即第五步。

第五步，组织对质量计划或措施的执行。怎样组织计划措施的执行呢？首先，要做好计划的交底和落实。落实包括组织落实、技术落实和物资材料落实。有关人员还要经过训练、实习并经考核合格再执行。其次，计划的执行，要依靠质量管理体系。

（三）检查（Check）

检查阶段也只有一个步骤，即第六步。

第六步，检查采取措施的效果。也就是检查作业是否按计划要求去做，哪些做对了，哪些还没有达到要求，哪些有效果，哪些还没有效果。

（四）处理（Action）

处理阶段包含两个步骤，即第七步和第八步。

第七步，总结经验，巩固成绩。即经过上一步检查后，把确有效果的措施在实施中取得的好经验，通过修订相应的工艺文件、工艺规程、作业标准和各种质量管理的规章制度加以总结，把成绩巩固下来。

第八步，提出尚未解决的问题。通过检查，把效果还不显著或还不符合要求的那些措施，作为遗留问题，反映到下一循环中。

PDCA 循环是不断进行的，每循环一次，就实现一定的质量目标，解决一定的问题，使质量水平有所提高。如此不断循环，周而复始，将使质量水平不断提高。

四、建筑法规对工程质量管理的要求

（一）《中华人民共和国建筑法》对质量管理的要求

第五十二条：建筑工程勘察、设计、施工的质量必须符合国家有关建筑工程安全标准的要求，具体管理办法由国务院规定。

第五十五条：建筑工程实行总承包的，工程质量由工程总承包单位负责，总承包单位将建筑工程分包给其他单位的，应当对分包工程的质量与分包单位承担连带责任。分包单位应当接受总承包单位的质量管理。

第五十八条：建筑施工企业对工程的施工质量负责。

建筑施工企业必须按照工程设计图纸和施工技术标准施工，不得偷工减料。工程设计的修改由原设计单位负责，建筑施工企业不得擅自修改工程设计。

第五十九条：建筑施工企业必须按照工程设计要求、施工技术标准和合同的约定，对建筑材料、建筑构配件和设备进行检验，不合格的不得使用。

第六十条：建筑物在合理使用寿命内，必须确保地基基础工程和主体结构的质量。

建筑工程竣工时，屋顶、墙面不得留有渗漏、开裂等质量缺陷；对已发现的质量缺陷，建筑施工企业应当修复。

第六十一条：交付竣工验收的建筑工程，必须符合规定的建筑工程质量标准，有完整的工程技术经济资料和经签署的工程保修书，并具备国家规定的其他竣工条件。

建筑工程竣工经验收合格后，方可交付使用；未经验收或者验收不合格的，不得交付使用。

第六十二条：建筑工程实行质量保修制度。

建筑工程的保修范围应当包括地基基础工程、主体结构工程、屋面防水工程和其他土建工程，以及电气管线、上下水管线的安装工程，供热、供冷系统工程等项目；保修的期限应当按照保证建筑物合理寿命年限内正常使用，维护使用者合法权益的原则确定。具体的保修范围和最低保修期限由国务院规定。

第七十四条：建筑施工企业在施工中偷工减料的，使用不合格的建筑材料、建筑构配件和设备的，或者有其他不按照工程设计图纸或者施工技术标准施工的行为的，责令改正，处以罚款；情节严重的，责令停业整顿，降低资质等级或者吊销资质证书；造成建筑工程质量不符合规定的质量标准的，负责返工、修理，并赔偿因此造成的损失；构成犯罪的，依法追究刑事责任。

第七十五条：建筑施工企业违反本法规定，不履行保修义务或者拖延履行保修义务的，责令改正，可以处以罚款，并对在保修期内因屋顶、墙面渗漏、开裂等质量缺陷造成的损失，承担赔偿责任。

（二）《建设工程质量管理条例》对质量管理的要求

第三条：建设单位、勘察单位、设计单位、施工单位、工程监理单位依法对建设工程质量负责。

第二十六条：施工单位对建设工程的施工质量负责。

施工单位应当建立质量责任制，确定工程项目的项目经理、技术负责人和施工管理负责人。

建设工程实行总承包的，总承包单位应当对全部建设工程质量负责；建设工程勘察、设计、施工、设备采购的一项或者多项实行总承包的，总承包单位应当对其承包的建设工程或者采购的设备的质量负责。

第二十七条：总承包单位依法将建设工程分包给其他单位的，分包单位应当按照分包合同的约定对其分包工程的质量向总承包单位负责，总承包单位与分包单位对分包工程的质量承担连带责任。

第二十八条：施工单位必须按照工程设计图纸和施工技术标准施工，不得擅自修改工程设计，不得偷工减料。

施工单位在施工过程中发现设计文件和图纸有差错的，应当及时提出意见和建议。

第二十九条：施工单位必须按照工程设计要求、施工技术标准和合同约定，对建筑材料、建筑构配件、设备和商品混凝土进行检验，检验应当有书面记录和专人签字；未经检验或者检验不合格的，不得使用。

第三十条：施工单位必须建立健全施工质量的检验制度，严格工序管理，做好隐蔽工程的质量检查和记录。隐蔽工程在隐蔽前，施工单位应当通知建设单位和建设工程质量监督机构。

第三十一条：施工人员对涉及结构安全的试块、试件以及有关材料，应当在建设单位或者工程监理单位监督下现场取样，并送具有相应资质等级的质量检测单位进行检测。

第三十二条：施工单位对施工中出现质量问题的建设工程或者竣工验收不合格的建设工程，应当负责返修。

第三十三条：施工单位应当建立健全教育培训制度，加强对职工的教育培训；未经教育培训或者考核不合格的人员，不得上岗作业。

第三十六条：工程监理单位应当依照法律、法规以及有关技术标准、设计文件和建设工程承包合同，代表建设单位对施工质量实施监理，并对施工质量承担监理责任。

第三十七条：工程监理单位应当选派具备相应资格的总监理工程师和监理工程师进驻施工现场。

未经监理工程师签字，建筑材料、建筑构配件和设备不得在工程上使用或者安装，施工单位不得进行下一道工序的施工。未经总监理工程师签字，建设单位不拨付工程款，不进行竣工验收。

第三十八条：监理工程师应当按照工程监理规范的要求，采取旁站、巡视和平行检验等形式，对建设工程实施监理。

第六十四条：违反本条例规定，施工单位在施工中偷工减料的，使用不合格的建筑材料、建筑构配件和设备的，或者有不按照工程设计图纸或者施工技术标准施工的其他行为的，责令改正，处工程合同价款百分之二以上百分之四以下的罚款；造成建设工程质量不符合规定的质量标准的，负责返工、修理，并赔偿因此造成的损失；情节严重的，责令停业整顿，降低资质等级或者吊销资质证书。

第六十五条：违反本条例规定，施工单位未对建筑材料、建筑构配件、设备和商品混凝土进行检验，或者未对涉及结构安全的试块、试件以及有关材料取样检测的，责令改正，处 10 万元以上 20 万元以下的罚款；情节严重的，责令停业整顿，降低资质等级或者吊销资质证书；造成损失的，依法承担赔偿责任。

第六十六条：违反本条例规定，施工单位不履行保修义务或者拖延履行保修义务的，责令改正，处 10 万元以上 20 万元以下的罚款，并对在保修期内因质量缺陷造成的损失承担赔偿责任。

第七十四条：建设单位、设计单位、施工单位、工程监理单位违反国家规定，降低工程质量标准，造成重大安全事故，构成犯罪的，对直接责任人员依法追究刑事责任。

第七十七条：建设、勘察、设计、施工、工程监理单位的工作人员因调动工作、退休等原因离开该单位后，被发现在该单位工作期间违反国家有关建设工程质量管理规定，造成重大工程质量事故的，仍应当依法追究法律责任。

（三）《中华人民共和国刑法》对质量管理的要求

第一百三十七条建设单位、设计单位、施工单位、工程监理单位违反国家规定，降低工程质量标准，造成重大安全事故的，对直接责任人员，处五年以下有期徒刑或者拘役，并处罚金；后果特别严重的，处五年以上十年以下有期徒刑，并处罚金。

五、质量管理的责任制

（一）施工企业质量管理责任制的要求

（1）把涉及质量保证的各项工作责任和权利，明确而具体地落实到各部门、各人员。

（2）目标明确、职责分明、权责一致。即有什么权利就应负相应的责任，有什么责任就必须掌握相应的权利。

（3）制定企业各级人员的质量责任制＝包括企业总经理、总工程师、质量工程师、工程项目经理、项目技术负责人、质量检查员、班组长、操作者等，都应落实相应的质量责任。

（4）制定企业有关部门的质量责任制。包括计划部门、技术部门、施工管理部门、材料设备管理部门、财务部门、劳资部门、教育培训部门等，都应落实相应的质量责任。

（二）施工员的职责

（1）在项目经理的直接领导下开展工作，熟悉施工图纸及有关规范、标准，参与图纸会审、技术核定并做好记录。

（2）参加编制各项施工组织设计方案和施工安全，质量、技术方案，编制各单项工程进度计划及人力、物力计划和机具、用具、设备计划，并负责贯彻执行。

（3）负责施工作业班组的安全技术交底编制、组织职工按期开会学习，合理安排、科学引导、顺利完成本工程的各项施工任务。

（4）编制文明工地实施方案，根据本工程施工现场合理规划布局现场平面图，安排、实施、创建文明工地。

（5）负责组织测量放线，参与技术复核。

（6）参与制订并调整施工进度计划、施工资源需求计划，编制施工作业计划。

（7）参与做好施工现场组织协调工作，合理调配生产资源；落实施工作业计划。

（8）参与现场经济技术签证，成本控制及成本核算。

（9）负责施工平面布置的动态管理。

（10）参与质量，环境与职业健康安全的预控。

（11）负责施工作业的质量、环境与职业健康安全过程控制，参与隐蔽，分项，分部和单位工程的质量验收。

（12）参与质量，环境与职业健康安全问题的调查，提出整改措施并监督落实。

（13）负责编写施工日志，施工记录等相关施工资料。

（14）负责汇总、整理和移交施工资料。

（三）质量员的职责

（1）熟悉施工图及有关规范标准，参加图纸会审，掌握技术要点。

（2）参与进行施工质量策划，参与制定质量管理制度。

（3）参与材料、设备的采购，负责核查进场材料、设备的质量保证资料，监督进场材料的抽样复验。

（4）负责监督、跟踪施工试验，负责计量器具的符合性审查。

（5）参与施工图会审和施工方案审查参与制订工序质量控制措施。

负责工序质量检查和关键工序，特殊工序的旁站检查，参与交接检验、隐蔽验收、技术复核。

（7）负责检验批和分项工程的质量验收、评定，参与分部工程和单位工程的质量验收、评定。

（8）参与制订质量通病预防和纠正措施。

（9）负责监督质量缺陷的处理。

（10）参与质量事故的调查、分析和处理。

（11）负责质量检查的记录，编制质量资料并汇总、整理、移交质量资料。

（四）安全员的职责

（1）参与施工组织设计中有关安全措施的编制，并熟悉与工程有关的安全规范和法规，熟悉施工工艺流程。

（2）负责建立健全本工程有关的安全管理制度。

（3）有计划地进行安全生产方针、政策、法规和安全技术知识，安全技术操作规程的教育。

（4）检查各级安全技术交底情况。

（5）对施工现场每天进行安全巡回检查并做好记录。

（6）检查班组安全生产活动情况。

（7）参与并督促有关施工设备及安全防护措施的验收工作。

（8）参与日常的安全检查。

（9）参与项目每星期的安全生产检查并填写安全生产检查表。

（10）检查落实各种安全生产合同的签订工作。

（11）积极配合上级主管部门对项目的安全生产大检查，并就检查出的问题进行定人，定时间，定措施整改。

（12）负责安全生产资料的编制、收集、整理、归档工作。

（13）参加每天的碰头会，就当天有关安全生产情况进行通报。

第二节　建筑工程质量验收的划分

一、施工质量验收层次划分的目的

通过验收批和中间验收层次及最终验收单位的确定，实施对工程施工质量的过程控制和终端把关，确保工程施工质量达到工程项目决策阶段所确定的质量目标和水平。

二、施工质量验收划分的层次

可将建筑规模较大的单体工程和具有综合使用功能的综合性建筑物工程划分为若干个子单位工程进行验收。在分部工程中，按相近工作内容和系统划分为若干个子分部工程。每个子分部工程中包括若干个分项工程。每个分项工程中包含若干个检验批，检验批是工程施工质量验收的最小单位。

建筑工程质量验收划分为单位（子单位）工程、分部（子分部）工程、分项工程和检验批四个层次

（一）单位工程的划分

单位（子单位）工程的划分应按下列原则确定。

（1）具备独立施工条件并能形成独立使用功能的建筑物及构筑物为一个单位工程。建筑工程的单位工程是承建单位交给用户的一个完整产品，要具有独立的使用功能。凡在建设过程中能独立施工，完成后能形成使用功能的建筑工程，即可划分为一个单位工程。一个独立、单一的建筑物（构筑物）均为一个单位工程，如一个住宅小区建筑群中的一栋住宅楼、一所学校的一栋教学楼等。

（2）规模较大的单位工程，可将其能形成独立使用功能的部分划分为一个子单位工程。随着经济发展和施工技术进步，自中华人民共和国成立以来，又涌现了大量建筑规模较大的单体工程和具有综合使用功能的综合性建筑物，几万平方米的建筑物比比皆是，十万平方米以上的建筑物也不少。这些建筑物的施工周期一般较长，受多种因素的影响，诸如后期建设资金不足，部分停工缓建，已建成可使用部分需投入使用，以发挥投资效益；规模特别大的工程，一次性验收也不方便等。因此，可将此类工程划分为若干个子单位工程进行验收。子单位工程一般可以根据工程建筑设计分区、结构缝的设置位置、使用功能的显著差异等实际情况划分，在施工前可由建设、监理、施工单位共同商议确定，并据此收集、整理施工技术资料并进行验收。

（二）分部工程划分

分部工程的划分应按下列原则确定。

（1）分部工程的划分应按专业性质、建筑部位确定。如建筑与结构工程划分

为地基与基础、主体结构、建筑装饰装修、建筑屋面四个分部工程；建筑设备安装工程按专业性质划分为给水排水及供暖、建筑电气、智能建筑、通风与空调、建筑节能、电梯六个分部工程。

（2）当分部工程较大或较复杂时，可按材料种类、施工特点、施工程序、专业系统及类别等划分若干子分部工程。随着生产、工作、生活条件要求的提高，建筑物的内部设施也越来越多样化；建筑物相同部位的设计也呈多样化；新型材料大量涌现；加之施工工艺和技术的发展，使分项工程越来越多，因此，按建筑物的主要部位和专业划分分部工程已不再适应要求，故在分部工程中，按相近工作内容和系统划分若干子分部工程，这样，既有利于正确评价建筑工程质量，也有利于进行验收。

（三）分项工程的划分

分项工程应按主要工种、材料、施工工艺、设备类别等进行划分。如混凝土结构工程中按主要工种可分为模板工程、钢筋工程、混凝土工程等分项工程；按施工工艺又可分为预应力、现浇结构、装配式结构等分项工程。

分项工程的划分，要视工程的具体情况而定，既要便于质量管理和工程质量控制，又要便于质量验收，划分得太小增加工作量，划分得太大验收通不过，返工量太大；大小悬殊，又使验收结果可比性差。《建筑工程施工质量验收统一标准》（GB 50300—2013）对建筑工程分部、分项工程的划分做出了规定（见表3-1）。

表 3-1　建筑工程分部工程、分项工程的划分

序号	分部工程	子分部工程	分项工程
1	地基与基础	地基	素土、灰土地基，砂和砂石地基，土工合成材料地基，粉煤灰地基，强夯地基，注浆地基，预压地基，砂石桩复合地基，高压旋喷注浆地基，水泥土搅拌桩地基，土和灰土挤密桩复合地基，水泥粉煤灰碎石桩复合地基，夯实水泥土桩复合地基
		基础	无筋扩展基础，钢筋混凝土扩展基础，筏形与箱形基础，钢结构基础，钢管混凝土结构基础，型钢混凝土结构基础，钢筋混凝土预制桩基，泥浆护壁成孔灌注桩基，干作业成孔桩基，长螺旋钻孔压灌桩基，沉管灌注桩基，钢桩基，锚杆静压桩基，岩石锚杆基础，沉井与沉箱基础

续表

序号	分部工程	子分部工程	分项工程
1	地基与基础	基坑支护	灌注桩排桩围护墙，板桩围护墙，咬合桩围护墙，型钢水泥土搅拌墙，土钉墙，地下连续墙，水泥土重力式挡墙，内支撑，锚杆，与主体结构相结合的基坑支护
		地下水控制	降水与排水，回灌
		土方	土方开挖，土方回填，场地平整
		边坡	喷锚支护，挡土墙，边坡开挖
		地下防水	主体结构防水，细部构造防水，特殊施工法结构防水，排水，注浆
2	主体结构	混凝土结构	模板，钢筋，混凝土，预应力，现浇结构，装配式结构
		砌体结构	砖砌体，混凝土小型空心砌块砌体，石砌体，配筋砌体，填充墙砌体
		钢结构	钢结构焊接，紧固件连接，钢零部件加工，钢构件组装及预拼装，单层钢结构安装，多层及高层钢结构安装，钢管结构安装，预应力钢索和膜结构，压型金属板，防腐涂料涂装，防火涂料涂装
		钢管混凝土结构	构件现场拼装，构件安装，钢管焊接，构件连接，钢管内钢筋骨架，混凝土
		型钢混凝土结构	型钢焊接，紧固件连接，型钢与钢筋连接，型钢构件组装及预拼装，型钢安装，模板，混凝土
		铝合金结构	铝合金焊接，紧固件连接，铝合金零部件加工，铝合金构件组装，铝合金构件预拼装，铝合金框架结构安装，铝合金空间网格结构安装，铝合金面板，铝合金幕墙结构安装，防腐处理
		木结构	方木与原木结构，胶合木结构，轻型木结构，木结构的防护
3	建筑装饰装修	建筑地面	基层铺设，整体面层铺设，板块面层铺设，木、竹面层铺设
		抹灰	一般抹灰，保温层薄抹灰，装饰抹灰，清水砌体勾缝
		外墙防水	外墙砂浆防水，涂膜防水，透气膜防水
		门窗	木门窗安装，金属门窗安装，塑料门窗安装，特种门安装，门窗玻璃安装
		吊顶	整体面层吊顶，板块面层吊顶，格栅吊顶
		轻质隔墙	板材隔墙，骨架隔墙，活动隔墙，玻璃隔墙
		饰面板	石板安装，陶瓷板安装，木板安装，金属板安装，塑料板安装

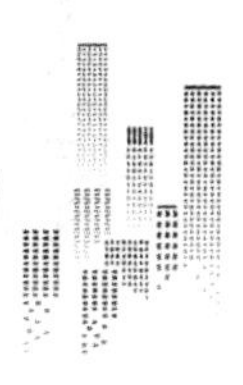

续表

序号	分部工程	子分部工程	分项工程
3	建筑装饰装修	饰面砖	外墙饰面砖粘贴，内墙饰面砖粘贴
		幕墙	玻璃幕墙安装，金属幕墙安装，石材幕墙安装，陶板幕墙安装
		涂饰	水性涂料涂饰，溶剂型涂料涂饰，美术涂饰
		裱糊与软包	裱糊，软包
		细部	橱柜制作与安装，窗帘盒和窗台板制作与安装，门窗套制作与安装，护栏和扶手制作与安装，花饰制作与安装
4	屋面	基层与保护	找坡层和找平层，隔汽层，隔离层，保护层
		保温与隔热	板状材料保温层，纤维材料保温层，喷涂硬泡聚氨酯保温层，现浇泡沫混凝土保温层，种植隔热层，架空隔热层，蓄水隔热层
		防水与密封	卷材防水层，涂膜防水层，复合防水层，接缝密封防水
		瓦面与板面	烧结瓦和混凝土瓦铺装，沥青瓦铺装，金属板铺装玻璃采光顶铺条
		细部构造	檐口，檐沟和天沟，女儿墙和山墙，落水口，变形缝，伸出屋面管道，屋面出入口，反梁过水孔，设施基座，屋脊，屋顶窗
5	建筑给水排水及供暖	室内给水系统	给水管道及配件安装，给水设备安装，室内消火栓系统安装，消防喷淋系统安装，防腐，绝热，管道冲洗、消毒，试验与调试
		室内排水系统	排水管道及配件安装，雨水管道及配件安装，防腐，试验与调试
		室内热水系统	管道及配件安装，辅助设备安装，防腐，绝热，试验与调试
		卫生器具	卫生器具安装，卫生器具给水配件安装，卫生器具排水管道安装，试验与调试
		室内供暖系统	管道及配件安装，辅助设备安装，散热器安装，低温热水地板辐射供暖系统安装，电加热供暖系统安装，燃气红外辐射供暖系统安装，热风供暖系统安装，热计量及调控装置安装，试验与调试，防腐，绝热
		室外给水管网	给水管道安装，室外消火栓系统安装，试验与调试
		室外排水管网	排水管道安装，排水管沟与井池，试验与调试
		室外供热管网	管道及配件安装，系统水压试验，土建结构，防腐，绝热，试验与调试
		建筑饮用水供应系统	管道及配件安装，水处理设备及控制设施安装，防腐，绝热，试验与调试

续表

序号	分部工程	子分部工程	分项工程
5	建筑给水排水及供暖	建筑中水系统及雨水利用系统	建筑中水系统、雨水利用系统管道及配件安装，水处理设备及控制设施安装，防腐，绝热，试验与调试
		游泳池及公共浴池水系统	管道及配件系统安装，水处理设备及控制设施安装，防腐，绝热，试验与调试
		水景喷泉系统	管道系统及配件安装，防腐，绝热，试验与调试
		热源及辅助设备	锅炉安装，辅助设备及管道安装，安全附件安装，换热站安装，防腐，绝热，试验与调试
		检测与控制仪表	检测仪器及仪表安装，试验与调试
6	通风与空调	送风系统	风管与配件制作，部件制作，风管系统安装，风机与空气处理设备安装，风管与设备防腐，旋流风口、岗位送风口、织物（布）风管安装，系统调试
		排风系统	风管与配件制作，部件制作，风管系统安装，风机与空气处理设备安装，风管与设备防腐，吸风罩及其他空气处理设备安装，厨房、卫生间排风系统安装，系统调试
		防排烟系统	风管与配件制作，部件制作，风管系统安装，风机与空气处理设备安装，风管与设备防腐，排烟风阀（口）、常闭正压风口、防火风管安装，系统调试
		除尘系统	风管与配件制作，部件制作，风管系统安装，风机与空气处理设备安装，风管与设备防腐，除尘器与排污设备安装，吸尘罩安装，高温风管绝热，系统调试
		舒适性空调系统	风管与配件制作，部件制作，风管系统安装，风机与空气处理设备安装，风管与设备防腐，组合式空调机组安装，消声器、静电除尘器、换热器、紫外线灭菌器等设备安装，风机盘管、变风量与定风量送风装置、射流喷口等末端设备安装，风管与设备绝热，系统调试
		恒温恒湿空调系统	风管与配件制作，部件制作，风管系统安装，风机与空气处理设备安装，风管与设备防腐，组合式空调机组安装，电加热器、加湿器等设备安装，精密空调机组安装，风管与设备绝热，系统调试
		净化空调系统	风管与配件制作，部件制作，风管系统安装，风机与空气处理设备安装，风管与设备防腐，净化空调机组安装，消声器、静电除尘器、换热器、紫外线灭菌器等设备安装，中、高效过滤器及风机过滤器单元等末端设备清洗与安装，洁净度测试，风管与设备绝热，系统调试

续表

序号	分部工程	子分部工程	分项工程
6	通风与空调	地下人防通风系统	风管与配件制作，部件制作，风管系统安装，风机与空气处理设备安装，风管与设备防腐，过滤吸收器，防爆波活门，防爆超压排气活门等专用设备安装，系统调试
		真空吸尘系统	风管与配件制作，部件制作，风管系统安装，风机与空气处理设备安装，风管与设备防腐，管道安装，快速接口安装，风机与滤尘设备安装，系统压力试验及调试
		冷凝水系统	管道系统及部件安装，水泵及附属设备安装，管道冲洗，管道、设备防腐，板式热交换器，辐射板及辐射供热、供冷地埋管，热泵机组设备安装，管道、设备绝热，系统压力试验及调试
		空调（冷、热）水系统	管道系统及部件安装，水泵及附属设备安装，管道冲洗，管道、设备防腐，冷却塔与水处理设备安装，防冻伴热设备安装，管道、设备绝热，系统压力试验及调试
		冷却水系统	管道系统及部件安装，水泵及附属设备安装，管道冲洗，管道、设备防腐，系统灌水渗漏及排放试验，管道、设备绝热
		土壤源热泵换热系统	管道系统及部件安装，水泵及附属设备安装，管道冲洗，管道、设备防腐，埋地换热系统与管网安装，管道、设备绝热，系统压力试验及调试
		水源热泵换热系统	管道系统及部件安装，水泵及附属设备安装，管道冲洗，管道、设备防腐，地表水源换热管及管网安装，除垢设备安装，管道、设备绝热，系统压力试验及调试
		蓄能系统	管道系统及部件安装，水泵及附属设备安装，管道冲洗，管道、设备防腐，蓄水罐与蓄冰槽，罐安装，管道、设备绝热，系统压力试验及调试
		压缩式制冷（热）设备系统	制冷机组及附属设备安装，管道、设备防腐，制冷剂管道及部件安装，制冷剂灌注，管道、设备绝热，系统压力试验及调试
		吸收式制冷设备系统	制冷机组及附属设备安装，管道、设备防腐，系统真空试验，溴化锂溶液加灌，蒸汽管道系统安装，燃气或燃油设备安装，管道、设备绝热，试验及调试
		多联机（热泵）空调系统	室外机组安装，室内机组安装，制冷剂管路连接及控制开关安装，风管安装，冷凝水管道安装，制冷剂灌注，系统压力试验及调试
		太阳能供暖空调系统	太阳能集热器安装，其他辅助能源、换热设备安装，蓄能水箱、管道及配件安装，防腐，绝热，低温热水地板辐射采暖系统安装，系统压力试验及调试
		设备自控系统	温度、压力与流量传感器安装，执行机构安装调试，防排烟系统功能测试，自动控制及系统智能控制软件调试

续表

序号	分部工程	子分部工程	分项工程
7	建筑电气	室外电气	变压器、箱式变电所安装，成套配电柜、控制柜（屏、台）和动力、照明配电箱（盘）及控制柜安装，梯架、支架、托盘和槽盒安装，导管敷设，电缆敷设，管内穿线和槽盒内敷线，电缆头制作、导线连接和线路绝缘测试，普通灯具安装，专用灯具安装，建筑照明通电试运行，接地装置安装
		变配电室	变压器、箱式变电所安装，成套配电柜、控制柜（屏、台）和动力、照明配电箱（盘）安装，母线槽安装，梯架、支架、托盘和槽盒安装，电缆敷设，电缆头制作、导线连接和线路绝缘测试，接地装置安装，接地干线敷设
		供电干线	电气设备试验和试运行，母线槽安装，梯架、支架、托盘和槽盒安装，导管敷设，电缆敷设，管内穿线和槽盒内敷线，电缆头制作、导线连接和线路绝缘测试，接地干线敷设
		电气动力	成套配电柜、控制柜（屏、台）和动力配电箱（盘）安装，电动机、电加热器及电动执行机构检查接线，电气设备试验和试运行，梯架、支架、托盘和槽盒安装，导管敷设，电缆敷设，管内穿线和槽盒内敷线，电缆头制作、导线连接和线路绝缘测试
		电气照明	成套配电柜、控制柜（屏、台）和照明配电箱（盘）安装，梯架、支架、托盘和槽盒安装，导管敷设，管内穿线和槽盒内敷线，塑料护套线直敷布线，钢索配线，电缆头制作、导线连接和线路绝缘测试，普通灯具安装，专用灯具安装，开关、插座、风扇安装，建筑照明通电试运行
		备用和不间断电源	成套配电柜、控制柜（屏、台）和动力、照明配电箱（盘）安装，柴油发电机组安装，不间断电源装置及应急电源装置安装，母线槽安装，导管敷设，电缆敷设，管内穿线和槽盒内敷线，电缆头制作、导线连接和线路绝缘测试，接地装置安装
		防雷及接地	接地装置安装，防雷引下线及接闪器安装，建筑物等电位连接，浪涌保护器安装
8	智能建筑	智能化集成系统	设备安装，软件安装，接口及系统调试，试运行
		信息接入系统	安装场地检查
		用户电话交换系统	线缆敷设，设备安装，软件安装，接口及系统调试，试运行
		信息网络系统	计算机网络设备安装，计算机网络软件安装，网络安全设备安装，网络安全软件安装，系统调试，试运行

续表

序号	分部工程	子分部工程	分项工程
8	智能建筑	综合布线系统	梯架、托盘、槽盒和导管安装，线缆敷设，机柜、机架、配线架安装，信息插座安装，链路或信道测试，软件安装，系统调试，试运行
		移动通信室内信号覆盖系统	安装场地检查
		卫星通信系统	安装场地检查
		有线电视及卫星电视接收系统	梯架、托盘、槽盒和导管安装，线缆敷设，设备安装，软件安装，系统调试，试运行
		公共广播系统	梯架、托盘、槽盒和导管安装，线缆敷设，设备安装，软件安装，系统调试，试运行
		会议系统	梯架、托盘、槽盒和导管安装，线缆敷设，设备安装，软件安装，系统调试，试运行
		信息导引及发布系统	梯架、托盘、槽盒和导管安装，线缆敷设，显示设备安装，机房设备安装，软件安装，系统调试，试运行
		时钟系统	梯架、托盘、槽盒和导管安装，线缆敷设，设备安装，软件安装，系统调试，试运行
		信息化应用系统	梯架、托盘、槽盒和导管安装，线缆敷设，设备安装，软件安装，系统调试，试运行
		建筑设备监控系统	梯架、托盘、槽盒和导管安装，线缆敷设，传感器安装，执行器安装，控制器、箱安装，中央管理工作站和操作分站设备安装，软件安装，系统调试，试运行
		火灾自动报警系统	梯架、托盘、槽盒和导管安装，线缆敷设，探测器类设备安装，控制器类设备安装，其他设备安装，软件安装，系统调试，试运行
		安全技术防范系统	梯架、托盘、槽盒和导管安装，线缆敷设，设备安装，软件安装，系统调试，试运行
		应急响应系统	设备安装，软件安装，系统调试，试运行
		机房	供配电系统，防雷与接地系统，空气调节系统，给水排水系统，综合布线系统，监控与安全防范系统，消防系统，室内装饰装修，电磁屏蔽，系统调试，试运行
		防雷与接地	接地装置，接地线，等电位连接，屏蔽设施，电涌保护器，线缆敷设，系统调试，试运行

续表

序号	分部工程	子分部工程	分项工程
9	建筑节能	围护系统节能	墙体节能，幕墙节能，门窗节能，屋面节能，地面节能
		供暖空调设备及管网节能	供暖节能，通风与空调设备节能，空调与供暖系统冷热源节能，空调与供暖系统管网节能
		电气动力节能	配电节能，照明节能
		监控系统节能	监测系统节能，控制系统节能
		可再生能源	地源热泵系统节能，太阳能光热系统节能，太阳能光伏节能
10	电梯	电力驱动的曳引式或强制式电梯	设备进场验收，土建交接检验，驱动主机，导轨，门系统，轿厢，对重，安全部件，悬挂装置，随行电缆，补偿装置，电气装置，整机安装验收
		液压电梯	设备进场验收，土建交接检验，液压系统，导轨，门系统，轿厢，对重，安全部件，悬挂装置，随行电缆，电气装置，整机安装验收
		自动扶梯、自动人行道	设备进场验收，土建交接检验，整机安装验收

4. 检验批的划分

分项工程可由一个或若干个检验批组成，检验批可根据施工及质量控制和专业验收需要按楼层、施工段、变形缝等进行划分。

（1）建筑工程的地基基础分部工程中的分项工程一般划分为一个检验批。

（2）有地下层的基础工程可按不同地下层划分检验批。

（3）屋面分部工程中的分项工程不同楼层屋面可划分为不同的检验批。

（4）单层建筑工程中的分项工程可按变形缝等划分检验批，多层及高层建筑工程中主体分部的分项工程可按楼层或施工段来划分检验批。

（5）其他分部工程中的分项工程一般按楼层划分检验批。

（6）对于工程量较少的分项工程可统一划分为一个检验批。

（7）安装工程一般按一个设计系统或组别划分为一个检验批。

（8）室外工程统一划分为一个检验批。散水、台阶、明沟等含在地面检验批中。

分项工程划分成检验批进行验收有利于及时纠正施工中出现的质量问题，确保工程质量，也符合施工实际需要。施工前，应由施工单位制定分项工程和检验

批的划分方案，并由监理单位审核。

三、室外工程的划分

根据《建筑工程施工质量验收统一标准》（GB 50300—2013）的要求，室外工程可根据专业类别和工程规模划分单位工程、分部工程，见表 3–2。

表 3-2　室外工程单位工程、分部工程的划分

单位工程	子单位工程	分部工程
室外设施	道路	路基、基层、面层、广场与停车场、人行道、人行地道、挡土墙、附属构筑物
	边坡	土石方、挡土墙、支护
附属建筑及室外环境	附属建筑	车棚、围墙、大门、挡土墙
	室外环境	建筑小品、亭台、水景、连廊、花坛、场坪绿化、景观桥

第三节　建筑工程质量验收

一、建筑工程质量的验收要求

建筑工程质量验收应符合以下规定。

（1）建筑工程施工质量应符合《建筑工程施工质量验收统一标准》（GB 50300—2013）和相关专业验收规范的规定。

（2）建筑工程施工应符合工程勘察、设计文件的要求。

（3）参加工程施工质量验收的各方人员应具备相应的资格。

（4）工程质量的验收均应在施工单位自检合格的基础上进行。

（5）隐蔽工程在隐蔽前应由施工单位通知监理单位进行验收，并应形成验收文件，验收合格后方可继续施工。

（6）涉及结构安全的试块、试件以及有关材料，应按规定进行见证取样

检验。

（7）检验批的质量应按主控项目和一般项目验收。

（8）对涉及结构安全和使用功能的重要分部工程应进行抽样检验。

（9）承担见证取样检测及有关结构安全检测的单位应具有相应资质。

（10）工程的观感质量应由验收人员现场检查，并应共同确认。

建筑工程质量验收时，一个单位工程最多可划分为六个层次，即单位工程、子单位工程、分部工程、子分部工程、分项工程和检验批。对于每一个层次的验收，国家标准只给出了合格条件，没有给出优良标准，也就是说，现行国家质量验收标准为强制性标准，对于工程质量验收只设“合格”一个质量等级，工作质量在评定合格的基础上，希望评定更高质量等级的，可按照另外制订的推荐性标准执行。

二、检验批质量合格的条件及程序

检验批是工程质量验收的基本单元（最小单位），是分项工程、分部工程和单位工程施工质量验收的基础。检验批是施工过程中条件相同并有一定数量的材料、构配件或安装项目。如果一个分项工程需要验评多次，那么每一次验评就称为一个检验批，行业规定：每个检验批的检验部位必须完全相同。检验批只做检验，不作评定。

（一）检验批通常按下列原则划分

（1）检验批内质量基本均匀一致，抽样应符合随机性和真实性的原则。

（2）贯彻过程控制的原则，按施工次序、便于质量验收和控制关键工序的需要划分检验批。

（二）检验批合格质量应符合下列规定

（1）主控项目的质量经抽样检验均应合格。

（2）一般项目的质量经抽样检验合格。当采用计数抽样时，合格点率应符合有关专业验收规范的规定，且不得存在严重缺陷。对于计数抽样的一般项目，正常检验一次、二次抽样可分别按表3–3、表3–4判定。

（3）具有完整的施工操作依据、质量验收记录。

表 3-3　一般项目正常检验一次抽样判定

样本容量	合格判定数	不合格判定数	样本容量	合格判定数	不合格判定数
5	1	2	32	7	8
8	2	3	50	10	11
13	3	4	80	14	15
20	5	6	125	21	22

表 3-4　一般项目正常检验二次抽样判定

抽样次数	样本容量	合格判定数	不合格判定数	抽样次数	样本容量	合格判定数	不合格判定数
(1)	3	0	2	(1)	20	3	6
(2)	6	1	2	(2)	40	9	10
(1)	5	0	3	(1)	32	5	9
(2)	10	3	4	(2)	64	12	13
(1)	8	1	3	(1)	50	7	11
(2)	16	4	5	(2)	100	18	19
(1)	13	2	5	(1)	80	11	16
(2)	26	6	7	(2)	160	26	27

注：(1) 和 (2) 表示抽样次数。

(2) 对应的样本容量为二次抽样的累计数量。

三、检验批检查数量应满足下列要求

检验批抽样样本应随机抽取，满足分布均匀、具有代表性的要求，抽样数量不应低于有关专业验收规范及表 3–5 的规定。

明显不合格的个体可不纳入检验批，但必须进行处理，使其满足有关专业验收规范的规定，对处理的情况应予以记录并重新验收。

表 3-5　检验批最小抽样数量

检验批的容量	最小抽样数量	检验批的容量	最小抽样数量
2 ~ 15	2	151 ~ 280	13
16 ~ 25	3	281 ~ 500	20
26 ~ 50	5	501 ~ 1200	32
50 ~ 90	6	1201 ~ 3200	50
91 ~ 150	8	3201 ~ 10000	80

（四）主控项目

主控项目是对检验批的基本质量起决定性作用的检验项目，是确保工程安全和使用功能的重要检验项目，是对安全、卫生、环境保护和公众利益起关键作用的检验项目，是确定该检验批主要性能的检验项目。

1. 主控项目验收内容

（1）建筑材料、构配件及建筑设备的技术性能与进场复验要求，如水泥、钢材的质量，预制楼板、墙板、门窗等构配件的质量，风机等设备的质量等。

（2）涉及结构安全、使用功能的检测项目，如混凝土、砂浆的强度，钢结构的焊缝强度，管道的压力试验，风管的系统测定与调整，电气的绝缘、接地测试，电梯的安全保护、试运转结果等。

（3）一些重要的允许偏差项目，必须控制在允许偏差限值之内。

2. 主控项目验收要求

主控项目中所有子项必须全部符合各专业验收规范规定的质量指标，方能判定该主控项目质量合格；反之，只要其中某一子项甚至某一抽查样本检验后达不到要求，即可判定该检查项目质量不合格，则该检验批拒收。总之，主控项目中某一子项甚至某一抽查样本的检查结果若为不合格时，即行使对检验批质量的否决权。因此，主控项目检查的内容必须全部合格。对主控项目不合格的检验批，应严格按规定整改或做返工处理，直到验收合格为止。

（五）一般项目

一般项目是指除主控项目以外的检验项目。

1. 一般项目验收

（1）用数据规定的允许偏差项目，可以存在一定范围的偏差。检验批验收是按照抽样检查评价质量是否合格的，抽样检查的数量中有 80% 的检查点、位置、项目的结果符合设计要求或偏差在验收允许范围内，可评价此检验批质量合格，即允许有 20% 的检查点的偏差值超出验收规范允许偏差值，但其允许程度也是有限的，通常不得超过验收规范规定值的 1.5 倍。

（2）对不能确定偏差值的项目，允许有一定的缺陷，一般以缺陷数量区分。对于检验批发现的这些缺陷，能整改的应整改，不能整改的如缺陷不超过限制范

围，检验批可以通过验收。

（3）检验批验收时一些无法定量的项目采取定性验收。如碎拼大理石地面的颜色协调、油漆施工中的光亮和光滑都是定性验收的。

2. 一般项目验收要求

一般项目也是应该达到检验要求的，只不过对少数不影响工程安全和使用功能的项目可以适当放宽；有些一般项目虽不像主控项目那样重要，但对工程安全、使用功能以及外表美观都有较大影响。所以，规定一般项目的合格判定条件：抽查样本的 80% 及以上（个别项目为 90% 以上，如混凝土结构中梁、板构件上部纵向受力钢筋保护层厚度等）符合各专业验收规范规定的质量指标，其余样本的缺陷通常不超过规定允许偏差值的 1.5 倍（个别规范规定为 1.2 倍，如钢结构验收范围等）。具体应根据各专业验收规范的规定执行。

（六）具有完整的施工操作依据和质量检查记录

检验批合格质量的要求，除主控项目和一般项目的质量经抽样检验符合要求外，其施工操作依据的技术标准亦应符合设计、验收规范的要求。采用企业标准的不能低于国家、行业标准。质量控制资料反映了检验批从原材料到最终验收的操作依据、检查情况以及保证质量所必需的管理制度等。对其完整性的检查，实际上是对工程控制的确认，这是检验批合格的前提。

只有上述两项均符合要求，该检验批质量方能判定为合格。若其中一项不符合要求，则该检验批质量不得判定为合格。

在检验批验收时，若一部分有养护龄期的检测项目或试件不能提供检测数据指标，可先对其他项目进行评价，并根据施工质量管理与控制状况暂时进行中间验收，同意施工单位进入下道工序施工，待检测数据提供后，依据检测数据得出质量结论并填入验收记录。如检测数据显示不合格，或对材料、构配件和工程性能的检测数据有质疑，可进行取样复检、鉴定或现场检验，并以复检或鉴定的结果为准。

检验批质量验收记录应由施工项目专业质量检查员填写，专业监理工程师组织项目专业质量检查员、专业工长等进行验收。检验批质量验收记录见表 3–6。

三、分项工程质量合格的条件及程序

（一）分项工程质量验收合格应符合下列规定

（1）所含检验批的质量均应验收合格。

（2）所含检验批的质量验收记录应完整。

（二）分项工程质量验收要求

分项工程是由所含性质、内容一样的检验批汇集而成，是在检验批的基础上进行验收的，实际上分项工程质量验收是一个汇总统计的过程，并无新的内容和要求，因此，在分项工程质量验收时应注意以下几项。

（1）核对检验批的部位、区段是否覆盖分项工程的全部范围，是否有缺陷的部位没有验收到。

表 3-6　检验批质量验收记录

<table>
<tr><td>单位（子单位）工程名称</td><td></td><td>分部（子分部）工程名称</td><td></td><td>分项工程名称</td><td></td></tr>
<tr><td>施工单位</td><td></td><td>项目负责人</td><td></td><td>检验批容量</td><td></td></tr>
<tr><td>分包单位</td><td></td><td>分包单位项目负责人</td><td></td><td>检验批部位</td><td></td></tr>
<tr><td>施工依据</td><td colspan="2"></td><td>验收依据</td><td colspan="2"></td></tr>
</table>

<table>
<tr><td rowspan="11">主控项目</td><td colspan="2">验收项目</td><td>设计要求及规范规定</td><td>最小 / 实际抽样数量</td><td>检查记录</td><td>检查结果</td></tr>
<tr><td>1</td><td></td><td></td><td></td><td></td><td></td></tr>
<tr><td>2</td><td></td><td></td><td></td><td></td><td></td></tr>
<tr><td>3</td><td></td><td></td><td></td><td></td><td></td></tr>
<tr><td>4</td><td></td><td></td><td></td><td></td><td></td></tr>
<tr><td>5</td><td></td><td></td><td></td><td></td><td></td></tr>
<tr><td>6</td><td></td><td></td><td></td><td></td><td></td></tr>
<tr><td>7</td><td></td><td></td><td></td><td></td><td></td></tr>
<tr><td>8</td><td></td><td></td><td></td><td></td><td></td></tr>
<tr><td>9</td><td></td><td></td><td></td><td></td><td></td></tr>
<tr><td>10</td><td></td><td></td><td></td><td></td><td></td></tr>
</table>

续表

	验收项目		设计要求及规范规定	最小 / 实际抽样数量	检查记录	检查结果
一般项目	1					
	2					
	3					
	4					
	5					
施工单位检查结果			专业工长： 项目专业质量检查员： 年　月　日			
监理单位验收结论			专业监理工程师： 年　月　日			

（2）一些在检验批中无法检验的项目，在分项工程中直接验收，如砖砌体工程中的全高垂直度、砂浆强度的评定等。

（3）检验批验收记录的内容及签字人是否正确、齐全。

分项工程质量应由专业监理工程师组织施工单位项目专业技术负责人等进行验收，填写分项工程质量验收记录，见表 3–7。

表 3-7　分项工程质量验收记录

单位（子单位）工程名称				分部（子分部）工程名称			
分项工程数量				检验批数量			
施工单位				项目负责人		项目技术负责人	
分包单位				分包单位项目负责人		分包内容	
序号	检验批名称	检验批容量	部位 / 区段	施工单位检查结果		监理单位验收结论	
1							
2							
3							
4							

续表

序号	检验批名称	检验批容量	部位 / 区段	施工单位检查结果	监理单位验收结论
5					
6					
7					
8					
9					
10					
11					
12					
说明：					
施工单位检查结果			项目专业技术负责人： 年　月　日		
监理单位验收结论			专业监理工程师： 年　月　日		

四、分部工程质量合格的条件及程序

（一）分部工程质量验收合格

应符合下列规定。

（1）所含分项工程的质量均应验收合格。

（2）质量控制资料应完整。

（3）有关安全、节能、环境保护和主要使用功能的抽样检验结果应符合相应规定。

（4）观感质量应符合要求。观感质量验收并不给出“合格”或“不合格”的结论，而是给出“好”“一般”“差”的总体评价。

（二）分部工程质量验收要求

分部工程的验收是在其所含各分项工程验收的基础上进行的。首先分部工程的各分项必须已验收合格且相应的质量控制资料文件必须完善，这是验收的基本条件。另外，由于各分项工程性质不尽相同，因此作为分部工程不能简单地组合

加以验收，必须增加以下两类检查项目。

（1）对于涉及安全和使用功能的地基基础、主体结构、有关安全及重要使用功能的安装分部工程进行有关见证取样试验或抽样检测。

（2）对于观感质量验收，这类检查往往难以定量，只能以观察、触摸或抽样检测的方式进行，并由个人的主观印象判断，对于“差”的检查点应通过返修处理等补救。

分部工程质量应由总监理工程师组织施工单位项目负责人和有关的勘察、设计单位项目负责人等进行验收，并应按表 3–8 记录。

表 3-8　分部工程质量验收记录

<table>
<tr><td colspan="2">单位（子单位）工程名称</td><td colspan="2"></td><td>分部（子分部）工程数量</td><td></td><td>分项工程数量</td><td></td></tr>
<tr><td colspan="2">施工单位</td><td colspan="2"></td><td>项目负责人</td><td></td><td>技术（质量）负责人</td><td></td></tr>
<tr><td colspan="2">分包单位</td><td></td><td></td><td>分包单位负责人</td><td></td><td>分包内容</td><td></td></tr>
<tr><td>序号</td><td colspan="2">分部（子分部）工程名称</td><td>检验批数量</td><td colspan="2">施工单位检查结果</td><td colspan="2">监理单位验收结论</td></tr>
<tr><td>1</td><td colspan="2"></td><td></td><td colspan="2"></td><td colspan="2"></td></tr>
<tr><td>2</td><td colspan="2"></td><td></td><td colspan="2"></td><td colspan="2"></td></tr>
<tr><td>3</td><td colspan="2"></td><td></td><td colspan="2"></td><td colspan="2"></td></tr>
<tr><td>4</td><td colspan="2"></td><td></td><td colspan="2"></td><td colspan="2"></td></tr>
<tr><td>5</td><td colspan="2"></td><td></td><td colspan="2"></td><td colspan="2"></td></tr>
<tr><td>6</td><td colspan="2"></td><td></td><td colspan="2"></td><td colspan="2"></td></tr>
<tr><td>7</td><td colspan="2"></td><td></td><td colspan="2"></td><td colspan="2"></td></tr>
<tr><td>8</td><td colspan="2"></td><td></td><td colspan="2"></td><td colspan="2"></td></tr>
<tr><td colspan="3">质量控制资料</td><td colspan="3"></td><td colspan="2"></td></tr>
<tr><td colspan="3">安全和功能检验结果</td><td colspan="3"></td><td colspan="2"></td></tr>
<tr><td colspan="3">观感质量检验结果</td><td colspan="3"></td><td colspan="2"></td></tr>
<tr><td>综合验收结论</td><td colspan="7"></td></tr>
<tr><td colspan="2">施工单位项目负责人：

年　月　日</td><td colspan="2">勘察单位项目负责人：

年　月　日</td><td colspan="2">设计单位项目负责人：

年　月　日</td><td colspan="2">监理单位总监理工程师：

年　月　日</td></tr>
<tr><td colspan="8">注：1. 地基与基础分部工程的验收应由施工、勘察、设计单位项目负责人和监理单位总监理工程师参加并签字
2. 主体结构、节能分部工程的验收应由施工、设计单位项目负责人和监理单位总监理工程师参加并签字</td></tr>
</table>

五、单位工程质量合格的条件及程序

（一）单位工程质量验收合格

应符合下列规定。

（1）所含分部工程的质量均应验收合格。

（2）质量控制资料应完整。

（3）所含分部工程中有关安全、节能、环境保护和主要使用功能的检验资料应完整。

（4）主要使用功能的抽查结果应符合相关专业验收规范的规定。

（5）观感质量应符合要求。

（二）单位工程质量验收要求

单位工程质量验收，总体上是一个统计性的审核和综合性的评价，是通过核查分部工程验收质量控制资料和有关安全、功能检测资料，进行必要的主要功能项目的复核及抽测，以及总体工程观感质量的现场实物质量验收。

单位工程质量验收也是单位工程竣工验收，是建筑工程投入使用前最后一次验收，是工程质量控制的最后一道把关，对工程质量进行整体综合评价，也是对施工单位成果的综合检验。

单位工程中的分包工程完工后，分包单位应对所承包的工程项目进行自检，并应按《建筑工程施工质量验收统一标准》（GB 50300—2013）规定的程序进行验收。验收时，总包单位应派人参加。分包单位应将所分包工程的质量控制资料整理完整后，移交给总包单位。

单位工程完工后，施工单位应组织有关人员进行自检。总监理工程师应组织各专业监理工程师对工程质量进行竣工预验收。存在施工质量问题时，应由施工单位及时整改。

整改完毕后，由施工单位向建设单位提交工程竣工报告，申请工程竣工验收。

建设单位收到工程竣工报告后，由建设单位项目负责人组织监理、施工、设计、勘察等单位项目负责人进行单位工程验收。

单位工程质量竣工验收应按表 3-9 记录，单位工程质量控制资料核查应按

表 3–10 记录，单位工程安全和功能检验资料核查及主要功能抽查应按表 3–11 记录，单位工程观感质量检查应按表 3–12 记录。

表 3–9 中的验收记录由施工单位填写，验收结论由监理单位填写。综合验收结论经参加验收各方共同商定，由建设单位填写，应对工程质量是否符合设计文件和相关标准的规定及总体质量水平作出评价。

表 3-9　单位工程质量竣工验收记录

<table>
<tr><td>工程名称</td><td></td><td>结构类型</td><td></td><td>层数 / 建筑面积</td><td></td></tr>
<tr><td>施工单位</td><td></td><td>技术负责人</td><td></td><td>开工日期</td><td></td></tr>
<tr><td>项目负责人</td><td></td><td>项目技术负责人</td><td></td><td>完工日期</td><td></td></tr>
<tr><td>序号</td><td>项目</td><td colspan="3">验收记录</td><td>验收结论</td></tr>
<tr><td>1</td><td>分部工程验收</td><td colspan="3">共______分部，经查，符合设计及标准规定分部</td><td></td></tr>
<tr><td>2</td><td>质量控制资料核查</td><td colspan="3">共______项，经核查符合规定______项</td><td></td></tr>
<tr><td>3</td><td>安全和使用功能核查及抽查结果</td><td colspan="3">共核查______项，符合规定______项，共查______项，符合规定项，经返工处理符合规定______项</td><td></td></tr>
<tr><td>4</td><td>观感质量验收</td><td colspan="3">共核查______项，达到“好”和“一般”的项，经返修处理符合要求的______项</td><td></td></tr>
<tr><td colspan="2">综合验收结论</td><td colspan="4"></td></tr>
<tr><td rowspan="2">参加验收单位</td><td>建设单位</td><td>监理单位</td><td>施工单位</td><td>设计单位</td><td>勘察单位</td></tr>
<tr><td>（公章）
项目负责人：
年　月　日</td><td>（公章）
总监理工程师：
年　月　日</td><td>（公章）
项目负责人：
年　月　日</td><td>（公章）
项目负责人：
年　月　日</td><td>（公章）
项目负责人：
年　月　日</td></tr>
<tr><td colspan="6">注：单位工程验收时，验收签字人员应由相应单位的法人代表书面授权</td></tr>
</table>

表 3-10　单位工程质量控制资料核查记录

<table>
<tr><td colspan="2">工程名称</td><td></td><td colspan="2">施工单位</td><td colspan="3"></td></tr>
<tr><td rowspan="2">序号</td><td rowspan="2">项目</td><td rowspan="2">资料名称</td><td rowspan="2">份数</td><td colspan="2">施工单位</td><td colspan="2">监理单位</td></tr>
<tr><td>核查意见</td><td>核查人</td><td>核查意见</td><td>核查人</td></tr>
<tr><td>1</td><td rowspan="10">建筑与结构</td><td>图纸会审记录、设计变更通知单、工程洽商记录</td><td></td><td></td><td></td><td></td><td></td></tr>
<tr><td>2</td><td>工程定位测量、放线记录</td><td></td><td></td><td></td><td></td><td></td></tr>
<tr><td>3</td><td>原材料出厂合格证书及进场检验、试验报告</td><td></td><td></td><td></td><td></td><td></td></tr>
<tr><td>4</td><td>施工试验报告及见证检测报告</td><td></td><td></td><td></td><td></td><td></td></tr>
<tr><td>5</td><td>隐蔽工程验收记录</td><td></td><td></td><td></td><td></td><td></td></tr>
<tr><td>6</td><td>施工记录</td><td></td><td></td><td></td><td></td><td></td></tr>
<tr><td>7</td><td>地基、基础、主体结构检验及抽样检测资料</td><td></td><td></td><td></td><td></td><td></td></tr>
<tr><td>8</td><td>分项、分部工程质量验收记录</td><td></td><td></td><td></td><td></td><td></td></tr>
<tr><td>9</td><td>工程质量事故调查处理资料</td><td></td><td></td><td></td><td></td><td></td></tr>
<tr><td>10</td><td>新技术论证、备案及施工记录</td><td></td><td></td><td></td><td></td><td></td></tr>
<tr><td>1</td><td rowspan="8">给水排水与供暖</td><td>图纸会审记录、设计变更通知单、工程洽商记录</td><td></td><td></td><td></td><td></td><td></td></tr>
<tr><td>2</td><td>原材料出厂合格证书及进场检验、试验报告</td><td></td><td></td><td></td><td></td><td></td></tr>
<tr><td>3</td><td>管道、设备强度试验、严密性试验报告</td><td></td><td></td><td></td><td></td><td></td></tr>
<tr><td>4</td><td>隐蔽工程验收记录</td><td></td><td></td><td></td><td></td><td></td></tr>
<tr><td>5</td><td>系统清洗、灌水、通水、通球试验报告</td><td></td><td></td><td></td><td></td><td></td></tr>
<tr><td>6</td><td>施工记录</td><td></td><td></td><td></td><td></td><td></td></tr>
<tr><td>7</td><td>分项、分部工程质量验收记录</td><td></td><td></td><td></td><td></td><td></td></tr>
<tr><td>8</td><td>新技术论证、备案及施工记录</td><td></td><td></td><td></td><td></td><td></td></tr>
</table>

续表

工程名称			施工单位				
序号	项目	资料名称	份数	施工单位		监理单位	
				核查意见	核查人	核查意见	核查人
1	通风与空调	图纸会审记录、设计变更通知单、工程洽商记录					
2		原材料出厂合格证书及进场检验、试验报告					
3		制冷、空调、水管道强度试验、严密性试验记录					
4		隐蔽工程验收记录					
5		制冷设备运行调试记录					
6		通风、空调系统调试记录					
7		施工记录					
8		分项、分部工程质量验收记录					
9		新技术论证、备案及施工记录					
1	建筑电气	图纸会审记录、设计变更通知单、工程洽商记录					
2		原材料出厂合格证书及进场检验、试验报告					
3		设备调试记录					
4		接地、绝缘电阻测试记录					
5		隐蔽工程验收记录					
6		施工记录					
7		分项、分部工程质量验收记录					
8		新技术论证、备案及施工记录					

续表

工程名称			施工单位				
序号	项目	资料名称	份数	施工单位		监理单位	
				核查意见	核查人	核查意见	核查人
1	智能建筑	图纸会审记录、设计变更通知单、工程洽商记录					
2		原材料出厂合格证书及进场检验、试验报告					
3		隐蔽工程验收记录					
4		施工记录					
5		系统功能测定及设备调试记录					
6		系统技术、操作和维护手册					
7		系统管理、操作人员培训记录					
8		系统检测报告					
9		分项、分部工程质量验收记录					
10		新技术论证、备案及施工记录					
1	建筑节能	图纸会审记录、设计变更通知单、工程洽商记录					
2		原材料出厂合格证书及进场检验、试验报告					
3		隐蔽工程验收记录					
4		施工记录					
5		外墙、外窗节能检验报告					
6		设备系统节能检测报告					
7		分项、分部工程质量验收记录					
8		新技术论证、备案及施工记录					

结论：

施工单位项目负责人：　　　　　　　　总监理工程师：

年　月　日　　　　　　　　年　月　日

表 3-11　单位工程安全和功能检验资料核查及主要功能抽查记录

工程名称			施工单位			
序号		安全和功能检查项目	份数	核查意见	抽查结果	核查（抽查）人
1	项目建筑与结构	地基承载力检验报告				
2		桩基承载力检验报告				
3		混凝土强度试验报告				
4		砂浆强度试验报告				
5		主体结构尺寸、位置抽查记录				
6		建筑物垂直度、标高、全高测量记录				
7		屋面淋水或蓄水试验记录				
8		地下室渗漏水检测记录				
9		有防水要求的地面蓄水试验记录				
10		抽气（风）道检查记录				
11		外窗气密性、水密性、耐风压检测报告				
12		幕墙气密性、水密性、耐风压检测报告				
13		建筑物沉降观测测量记录				
14		节能、保温测试记录				
15		室内环境检测报告				
16		土壤氡气浓度检测报告				
1	给水排水与供暖	给水管道通水试验记录				
2		暖气管道、散热器压力试验记录				
3		卫生器具满水试验记录				
4		消防管道、燃气管道压力试验记录				
5		排水干管通球试验记录				
6		锅炉试运行、安全阀及报警联动测试记录				

续表

<table>
<tr><td colspan="2">工程名称</td><td colspan="2">施工单位</td><td colspan="4"></td></tr>
<tr><td>序号</td><td>项目</td><td>安全和功能检查项目</td><td>份数</td><td>核查意见</td><td>抽查结果</td><td>核查（抽查）人</td></tr>
<tr><td>1</td><td rowspan="5">通风与空调</td><td>通风、空调系统试运行记录</td><td></td><td></td><td></td><td></td></tr>
<tr><td>2</td><td>风量、温度测试记录</td><td></td><td></td><td></td><td></td></tr>
<tr><td>3</td><td>空气能量回收装置测试记录</td><td></td><td></td><td></td><td></td></tr>
<tr><td>4</td><td>洁净室洁净度测试记录</td><td></td><td></td><td></td><td></td></tr>
<tr><td>5</td><td>制冷机组试运行调试记录</td><td></td><td></td><td></td><td></td></tr>
<tr><td>1</td><td rowspan="7">建筑电气</td><td>建筑照明通电试运行记录</td><td></td><td></td><td></td><td></td></tr>
<tr><td>2</td><td>灯具固定装置及悬吊装置的载荷强度试验记录</td><td></td><td></td><td></td><td></td></tr>
<tr><td>3</td><td>绝缘电阻测试记录</td><td></td><td></td><td></td><td></td></tr>
<tr><td>4</td><td>剩余电流动作保护器测试记录</td><td></td><td></td><td></td><td></td></tr>
<tr><td>5</td><td>应急电源装置应急持续供电记录</td><td></td><td></td><td></td><td></td></tr>
<tr><td>6</td><td>接地电阻测试记录</td><td></td><td></td><td></td><td></td></tr>
<tr><td>7</td><td>接地故障回路阻抗测试记录</td><td></td><td></td><td></td><td></td></tr>
<tr><td>1</td><td rowspan="3">智能建筑</td><td>系统试运行记录</td><td></td><td></td><td></td><td></td></tr>
<tr><td>2</td><td>系统电源及接地检测报告</td><td></td><td></td><td></td><td></td></tr>
<tr><td>3</td><td>系统接地检测报告</td><td></td><td></td><td></td><td></td></tr>
<tr><td>1</td><td rowspan="2">建筑节能</td><td>外墙节能构造检查记录或热工性能检验报告</td><td></td><td></td><td></td><td></td></tr>
<tr><td>2</td><td>设备系统节能性能检查记录</td><td></td><td></td><td></td><td></td></tr>
<tr><td>1</td><td rowspan="2">电梯</td><td>运行记录</td><td></td><td></td><td></td><td></td></tr>
<tr><td>2</td><td>安全装置检测报告</td><td></td><td></td><td></td><td></td></tr>
<tr><td colspan="7">结论：
施工单位项目负责人：　　　　总监理工程师：
年　月　日　　　　年　月　日</td></tr>
<tr><td colspan="7">注：抽查项目由验收组协商确定</td></tr>
</table>

表 3-12　单位工程观感质量检查记录

<table>
<tr><td colspan="2">工程名称</td><td colspan="2"></td><td>施工单位</td><td></td></tr>
<tr><td>序号</td><td colspan="2">项目</td><td colspan="2">抽查质量状况</td><td>质量评价</td></tr>
<tr><td>1</td><td rowspan="10">建筑与结构</td><td>主体结构外观</td><td colspan="2">共检查点，好点，一般点，差点</td><td></td></tr>
<tr><td>2</td><td>室外墙面</td><td colspan="2">共检查点，好点，一般点，差点</td><td></td></tr>
<tr><td>3</td><td>变形缝、雨水管</td><td colspan="2">共检查点，好点，一般点，差点</td><td></td></tr>
<tr><td>4</td><td>屋面</td><td colspan="2">共检查点，好点，一般点，差点</td><td></td></tr>
<tr><td>5</td><td>室内墙面</td><td colspan="2">共检查点，好点，一般点，差点</td><td></td></tr>
<tr><td>6</td><td>室内顶棚</td><td colspan="2">共检查点，好点，一般点，差点</td><td></td></tr>
<tr><td>7</td><td>室内地面</td><td colspan="2">共检查点，好点，一般点，差点</td><td></td></tr>
<tr><td>8</td><td>楼梯、踏步、护栏</td><td colspan="2">共检查点，好点，一般点，差点</td><td></td></tr>
<tr><td>9</td><td>门窗</td><td colspan="2">共检查点，好点，一般点，差点</td><td></td></tr>
<tr><td>10</td><td>雨罩、台阶、坡道、散水</td><td colspan="2">共检查点，好点，一般点，差点</td><td></td></tr>
<tr><td>1</td><td rowspan="4">给水排水与供暖</td><td>管道接口、坡度、支架</td><td colspan="2">共检查点，好点，一般点，差点</td><td></td></tr>
<tr><td>2</td><td>卫生器具、支架、阀门</td><td colspan="2">共检查点，好点，一般点，差点</td><td></td></tr>
<tr><td>3</td><td>检查口、扫除口、地漏</td><td colspan="2">共检查点，好点，一般点，差点</td><td></td></tr>
<tr><td>4</td><td>散热器、支架</td><td colspan="2">共检查点，好点，一般点，差点</td><td></td></tr>
<tr><td>1</td><td rowspan="6">通风与空调</td><td>风管、支架</td><td colspan="2">共检查点，好点，一般点，差点</td><td></td></tr>
<tr><td>2</td><td>风口、风阀</td><td colspan="2">共检查点，好点，一般点，差点</td><td></td></tr>
<tr><td>3</td><td>风机、空调设备</td><td colspan="2">共检查点，好点，一般点，差点</td><td></td></tr>
<tr><td>4</td><td>管道、阀门、支架</td><td colspan="2">共检查点，好点，一般点，差点</td><td></td></tr>
<tr><td>5</td><td>水泵、冷却塔</td><td colspan="2">共检查点，好点，一般点，差点</td><td></td></tr>
<tr><td>6</td><td>绝热</td><td colspan="2">共检查点，好点，一般点，差点</td><td></td></tr>
</table>

续表

<table>
<tr><td colspan="2">工程名称</td><td></td><td>施工单位</td><td></td></tr>
<tr><td>序号</td><td colspan="2">项目</td><td>抽查质量状况</td><td>质量评价</td></tr>
<tr><td>1</td><td rowspan="3">建筑
电气</td><td>配电箱、盘、板、接线盒</td><td>共检查点，好点，一般点，差点</td><td></td></tr>
<tr><td>2</td><td>设备器具、开关、插座</td><td>共检查点，好点，一般点，差点</td><td></td></tr>
<tr><td>3</td><td>防雷、接地、防火</td><td>共检查点，好点，一般点，差点</td><td></td></tr>
<tr><td>1</td><td rowspan="2">智能建筑</td><td>机房设备安装及布局</td><td>共检查点，好点，一般点，差点</td><td></td></tr>
<tr><td>2</td><td>现场设备安装</td><td>共检查点，好点，一般点，差点</td><td></td></tr>
<tr><td>1</td><td rowspan="3">电梯</td><td>运行、平层、开关门</td><td>共检查点，好点，一般点，差点</td><td></td></tr>
<tr><td>2</td><td>层门、信号系统</td><td>共检查点，好点，一般点，差点</td><td></td></tr>
<tr><td>3</td><td>机房</td><td>共检查点，好点，一般点，差点</td><td></td></tr>
<tr><td colspan="3">观感质量综合评价</td><td colspan="2"></td></tr>
<tr><td colspan="5">结论：
施工单位项目负责人：　　　　　　　　总监理工程师：
年　月　日　　　　　　　　　　年　月　日</td></tr>
<tr><td colspan="5">注：1. 对质量评价为差的项目应进行返修；2. 观感质量现场检查原始记录应作为本表附件</td></tr>
</table>

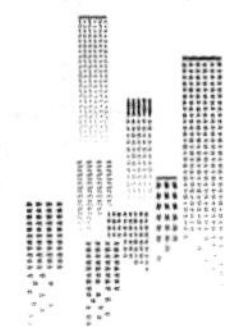

六、检验批、分项、分部、单位工程验收程序关系

检验批、分项、分部、单位工程验收程序关系见表 3–13。

表 3-13　检验批、分项、分部、单位工程验收程序关系

序号	验收表的名称	质量自检人员	质量检查评定人员		质量验收人员
			验收组织人	参加验收人员	
1	施工现场质量管理检查记录表	项目经理	项目经理	项目技术负责人分包单位负责人	总监理工程师
2	检验批质量验收记录	班组长专业质量检验员	监理工程师	班组长分包项目技术负责人项目技术负责人	监理工程师（建设单位项目专业技术负责人）
3	分项工程质量验收记录	专业质量检验员项目技术负责	监理工程师	项目技术负责人分包项目技术负责人项目专业质量检验员	监理工程师（建设单位项目专业技术负责人）
4	分部工程质量验收记录	项目经理分包单位项目经理	总监理工程师	施工单位项目经理、技术负责人、质量负责人勘察、设计单位项目负责人	总监理工程师（建设单位项目负责人）
5	单位工程质量竣工验收记录	项目经理	建设单位	施工单位项目经理总监理工程师勘察、设计单位负责人	建设单位项目负责人
6	单位工程质量控制资料核查记录	项目技术负责人	项目经理	分包单位项目经理监理工程师项目技术负责人	总监理工程师（建设单位项目负责人）
7	单位工程安全和功能检验资料核查及主要功能抽查记录	项目技术负责人	项目经理	分包单位项目经理监理工程师项目技术负责人	总监理工程师（建设单位项目负责人）
8	单位工程观感质量检查记录	项目技术负责人	项目经理	分包单位项目经理监理工程师项目技术负责人	总监理工程师（建设单位项目负责人）

第四节　建筑工程质量事故处理

凡是质量达不到国家规定标准要求的工程，必须进行返修、加固或报废，造成直接经济损失在5000元（含5000元）以上的称为质量事故；经济损失不足5000元者，称为工程质量问题。

“缺陷”是指建筑工程中经常发生的和普遍存在的一些工程质量问题。工程质量缺陷不同于质量事故，但是质量事故开始时往往表现为一般质量缺陷并常被忽视。随着建筑物的使用或时间的推移，质量缺陷逐渐发展，就有可能演变为事故，待认识到问题的严重性时，则往往处理困难或无法补救。因此，对质量缺陷均应认真分析，找出原因，进行必要的处理。

一、建筑工程质量事故的分类

建筑工程项目的建设，具有综合性、可变性、多发性等特点，导致建筑工程质量事故更具复杂性，工程质量事故的分类方法有很多种。

（1）依据事故发生的阶段划分，可分为施工过程中发生的事故，使用过程中发生的事故、改建扩建过程中发生的事故。

（2）依据事故发生的部位划分，可分为地基基础事故，主体结构事故，装修工程事故等。

（3）依据结构类型划分，可分为砌体结构事故、混凝土结构事故、钢结构事故、组合结构事故。

（4）依据事故的严重程度划分，可分为一般事故、重大事故、特别重大事故。一般事故是指补救当中经济损失一次在100元以上，10万元以下或者人员重伤2人以下，且无人员死亡的事故；重大事故是指在工程建设过程中，由于责任过失造成工程倒塌、报废、机械设备毁坏、人员伤亡或重大经济损失的事故，具体现象如下：建筑物、构筑物或其他主要结构倒塌者；超过规范规定的基础不

均匀沉降、建筑倾斜、结构开裂、主体结构强度严重不足，影响结构安全和建筑物使用寿命，造成不可补救的永久性缺陷者；影响建筑设备及相应系统的使用功能（如漏雨、变形过大、隔热隔声效果不好等），造成永久性缺陷者；一次性返工达到一定数额者。重大工程质量事故分为以下四个等级。

①死亡 30 人以上；或直接经济损失 300 万元以上为一级重大事故。

②死亡 10 人以上、29 人以下；或直接经济损失 100 万元以上，不满 300 万元为二级重大事故。

③死亡 3 人以上、9 人以下；或重伤 20 人以上；或直接经济损失 30 万元以上，不满 100 万元为三级重大事故。

④死亡 2 人以下，或重伤 3 人以上，19 人以下；或直接经济损失 10 万元以上，不满 30 万元为四级重大事故。

超过以上规定者为特别重大事故。

二、工程质量事故的原因

造成工程质量事故发生的原因是多方面的、复杂的，既有经济和社会的原因，也有技术的原因，归纳起来可分为以下几个方面。

（一）违背基本建设程序

基本建设程序是工程项目建设活动规律的客观反映，是我国经济建设经验的总结。《建设工程质量管理条例》明确指出，从事建设工程活动，必须严格执行基本建设程序，坚持先勘察、后设计、再施工的原则。县级以上人民政府及其有关部门不得超越权限审批建设项目或者擅自简化基本建设程序。但是，在具体的建设过程中，违反基本建设程序的现象屡禁不止，如“七无”工程——无立项、无报建、无开工许可、无招投标、无资质、无监理、无验收，“三边”——工程：边勘察、边设计、边施工。另外，腐败现象及地方保护也是造成工程质量事故的原因之一。

（二）工程地质勘察失误或地基处理失误

地质勘察过程中钻孔间距太大，不能反映实际地质情况，勘察报告不准确、不详细，未能查明诸如孔洞、墓穴、软弱土层等地层特征，致使地基基础设计时采用不正确的方案，造成地基不均匀沉降、结构失稳、上部结构开裂甚至倒塌。

（三）设计问题

结构方案不正确，计算简图与结构实际受力不符；荷载或内力分析计算有误；忽视构造要求，沉降缝、伸缩缝设置不符合要求；有些结构的抗倾覆、抗滑移未做验算；有的盲目套用图纸，这些是导致工程事故的直接原因。

（四）施工过程中的问题

施工管理人员及技术人员的素质差是造成工程质量事故的又一个主要原因。主要表现在以下几个方面。

（1）缺乏基本的业务知识，不具备上岗操作的技术资质，盲目蛮干。

（2）不按照图纸施工，不遵守会审纪要、设计变更及其他技术核定制度和管理制度，主观臆断。

（3）施工管理混乱，施工组织、施工工艺技术措施不当，违章作业。不重视质量检查及验收工作，一味赶进度，赶工期。

（4）建筑材料及制品质量低劣，使用不合格的工程材料、半成品、构件等，必然会导致质量事故的发生。

（5）施工中忽视结构理论问题，例如，不严格控制施工荷载，造成构件超载开裂；不控制砌体结构的自由高度（高厚比），造成砌体在施工过程中失稳破坏；模板与支架、脚手架设置不当发生破坏等。

（五）自然条件影响

建筑施工露天作业多，受自然因素影响大，暴雨、雷电、大风及气温高低等都会对工程质量造成很大影响。

（六）建筑物使用不当

有些建筑物在使用过程中，需要改变其使用功能，增大使用荷载；或者需要增加使用面积，在原有建筑物上部增层改造；或者随意凿墙开洞，削弱承重结构的截面面积等，这些都超出了原设计规定，埋下了工程事故的隐患。

三、工程质量事故的处理原则及程序

《中华人民共和国建筑法》明确规定：任何单位和个人对建筑工程质量事故、质量缺陷都有权向建设行政主管部门或者其他有关部门进行检举、控告、投诉。

重大质量事故发生后，事故发生单位必须以最快的方式，向上级建设行政主管部门和事故发生地的市、县级建设行政主管部门及检察、劳动部门报告，并以最快的速度采取有效措施抢救人员和财产，严格保护事故现场，防止事故扩大，24 小时之内写出书面报告，逐级上报。重大事故的调查由事故发生地的市、县级以上建设行政主管部门或国务院有关主管部门组成调查小组负责进行。

重大事故处理完毕后，事故发生单位应尽快写出详细的事故处理报告，并逐级上报。

特别重大事故的处理程序应按国务院发布的《特别重大事故调查程序暂行规定》及有关要求进行。

质量事故处理的一般工作程序：事故调查→事故原因分析→结构可靠性鉴定→事故调查报告→事故处理设计→施工方案确定→施工→检查验收→结论。若处理后仍不合格，需要重新进行事故处理设计及施工直至合格。有些质量事故在进行事故前需要先采取临时防护措施，以防事故扩大。

对于事故的处理，往往涉及单位、个人的名誉，涉及法律责任及经济赔偿等，事故的有关者常常试图减少自己的责任，干扰正常的调查工作。所以，对事故的调查分析，一定要排除干扰，以法律、法规为准绳，以事实为依据，按公正、客观的原则进行。

四、工程质量事故的处理要求

（一）不合格产品控制应按以下要求处理

（1）控制不合格物资进入项目施工现场，严禁不合格工序或分项工程未经处置而转入下道工序或分项工程施工。

（2）对发现的不合格产品和过程，应按规定进行鉴别，标识、记录、评价，隔离和处置。

（3）应进行不合格评审。

（4）不合格处置应根据不合格严重程度，按返工，返修，让步接收或降级使用，拒收或报废四种情况进行处理构成等级质量事故的不合格，应按国家法律、行政法规进行处置。

（5）对返修或返工后的产品，应按规定重新进行检验和试验，并应保存记录。

（6）进行不合格让步接收时，工程施工项目部应向发包方提出书面让步接收申请，记录不合格程度和返修的情况，双方签字确认让步接收协议和接收标准。

（7）对影响建筑主体结构安全和使用功能不合格的产品，应邀请发包方代表或监理工程师，设计人员共同确定处理方案，报工程所在地建设主管部门批准。

（8）检验人员必须按规定保存不合格控制的记录。

（二）当建筑工程施工质量不符合规定时

应按下列规定进行处理。

（1）经返工或返修的检验批，应重新进行验收。

（2）经有资质的检测机构检测鉴定能够达到设计要求的检验批，应予以验收。

（3）经有资质的检测机构检测鉴定达不到设计要求、但经原设计单位核算认可能够满足安全和使用功能的检验批，可予以验收。

（4）经返修或加固处理的分项、分部工程，满足安全及使用功能要求时，可按技术处理方案和协商文件的要求予以验收。

经返修或加固处理仍不能满足安全或使用要求的分部工程及单位工程，严禁验收。

第四章　施工安全技术措施

施工安全技术措施是在施工项目生产活动中，根据工程特点、规模、结构复杂程度、工期、施工现场环境、劳动组织、施工方法、施工机械设备、变配电设施、架设工具以及各项安全防护措施等，针对施工中存在的不安全因素进行预测和分析，找出危险点，为消除和控制危险隐患，从技术和管理上采取措施加以防范，消除不安全因素，防止事故发生，确保项目安全施工。

第一节　土方工程施工安全技术

土方工程施工中安全是一个很突出的问题，因土方坍塌造成的事故占每年工程死亡人数的5%左右，成为五大伤亡之一。土方工程是建筑工程中主要的分部分项工程之一，包括土方的挖掘、运输、填筑和压实等主要过程，以及所需的排水、降水和土壁支撑的设计、施工准备的辅助过程。施工中常见的土方工程有基坑（槽）开挖、场地平整、路基填筑、基坑（槽）回填及地坪填土等。其施工常具有量大面广、劳动繁重、施工条件复杂和施工工期长等特点，而且受气候、水文、地质等难以确定的因素影响较多。由于设计、施工、组织等方面的原因，在土方工程施工中安全事故时有发生，并且事故类型较多，这其中最常见的有两种事故，即土方坍塌和地基基础质量事故。在建筑施工安全中坍塌事故近几年来呈上升趋势，并成为继高处坠落、触电、物体打击和机器伤害“四大伤害”后的第五大伤害事故。“五大伤害事故”占建筑安全事故总数的86.6%，而土方工程中塌方伤害事故占坍塌事故总数的65%，可见土方坍塌给施工安全带来了严重的危害。

一、土方工程

土方工程是建筑工程施工中的主要工程之一，土方工程施工的对象和条件又比较复杂，如地质、地下水、气候、开挖深度、施工现场与设备等，对于不同的工程都不同，因此，在土方施工中需根据现有条件做好确保施工安全的施工方案。

（一）土方施工工程危险源识别与监控

1. 土方施工工程事故的类型。

（1）影响周边附近建筑物的安全和稳定。

（2）土方塌落伤人。

（3）边坡上堆放材料倾落。

（4）发生机械事故。

2. 分析引发事故的主要原因

（1）开挖较深，不放坡或者放坡不够；或通过不同土层时没有根据具体的特性分别确定不同的坡度，致使边坡失稳而造成塌方。

（2）土方开挖前没做好排水处理，防止地表水、施工用水和生活用水侵入施工现场或冲刷边坡。

（3）边坡顶部堆载过大，或受外力震动影响，造成坡体内剪应力增大，土体失稳而塌方。

（4）开挖土方土质松软，开挖次序、方法不当而造成塌方。

3. 危险源的监控

（1）根据土的各类、力学性质确定适当的边坡坡度。

（2）当基坑较大时，放坡改为直立放坡，并进行可靠的支护。

（3）操作人员上下深坑（槽）应预先搭设稳固安全的阶梯，避免上下时发生人员坠落事故。

（4）做好地面排水和降低地下水水位的工作。

（5）在雨季挖土方，应特别注意边坡的稳定，大雨时应暂停土方工程施工。

（二）土方机械挖土的安全技术措施

（1）机械挖土，启动前应检查离合器，钢丝绳等，经空车试运转正常后再开

始作业。

（2）机械操作中进铲不应过深，提升不应过猛。

（3）夜间挖土方时，应尽量安排在地形平坦，施工干扰较少和运输道路畅通的地段，施工场地应有足够的照明。

（4）机械不得在输电线路下工作，在输电线路一侧工作时，无论在任何情况下，机械的任何部位与架空输电线路的最近距离应符合安全操作规程要求。

（5）机械应停在坚实的地基上，如基础过差，应采取走道板等加固措施，不得将挖土机履带与挖空的基坑平行 2m 停驶运土汽车不宜靠近基坑平行行驶，防止塌方翻车。

（6）向汽车上卸土应在车子停稳定后进行，禁止铲斗从汽车驾驶室上越过。

（7）车辆进出门口的人行道下，如有地下管线（道）必须铺设厚钢板，或浇筑混凝土加固。

（8）挖土机械不得在施工中碰撞支撑，以免引起支撑破坏失效或拉损。

（三）土方工程开挖安全技术措施

（1）进入现场必须遵守安全生产纪律。

（2）挖土中发现管道、电缆及其他埋设物应及时报告，不得擅自处理。

（3）挖土时要注意土壁的稳定性，发现有裂缝及倾斜坍塌可能时，人员应立即离开并及时处理。

（4）人工挖土时前后操作人员间距不应小于 2 ~ 3m，推土在 1m 以外，并且高度不得超过 1.5m。

（5）每日或雨后必须检查土壁及支撑稳定情况，在确保安全的情况下继续工作，并且不得将土和其他物件堆在支撑上，不得在支撑下行走或站立。

（6）电缆两侧 1m 范围内应采取人工挖掘。

（7）配合拉铲的清坡、清底工人，不准在机械回转半径下工作。

（8）基坑四周必须设置 1.5m 高的护栏，要设置一定数量的临时上下施工楼梯。

（9）在开挖杯形基坑时必须采取切实可靠的排水措施，以免基坑积水，影响基坑土的承载力。

（10）基坑开挖前，必须摸清基坑下的管线排列和地质水文资料，以利于考虑开挖过程中意外应急措施。

（11）清坡、清底人员必须根据设计标高做了清底工作，不得超挖。如果超挖不得将松土回填，以免影响基础质量。

（12）开挖出的土方，应严格按照施工组织设计堆放，不得堆于基坑四周，以免引起地面堆载超荷引起土体位移、板桩位移或支撑破坏。

（13）开挖土方必须有挖土令。

二、基坑工程

（一）基坑开挖的安全作业条件

基坑开挖包括人工开挖和机械开挖两类。

1. 适用范围

（1）人工开挖适用范围：一般工业与民用建筑物、构筑物的基槽和管沟等。

（2）机械开挖适用范围：工业与民用建筑物、构筑物的大型基坑（槽）及大面积平整场地等。

2. 作业条件

（1）人工开挖安全条件

①土方开挖前，应摸清地下管线等障碍物，根据施工方案要求，清除地上、地下障碍物。

②建筑物或构筑物的位置或场地的定位控制线、标准水平桩及基槽的灰线尺寸，必须经检验合格。

③在施工区域内，要挖临时排水沟。

④夜间施工时，在危险地段应设置红色警示灯。

⑤当开挖面标高低于地下水水位时，在开挖前采取降水措施，一般要求降至开挖面下 500mm，再进行开挖作业。

（2）机械开挖安全作业条件

①对进场挖土机械、运输车辆及各种辅助设备等应进行维修，按平面图要求堆放。

②清除地上、地下障碍物，做好地面排水工作。

③建筑物或构筑物的位置或场地的定位控制线、标准水平桩及基槽的灰线尺

寸，必须经检验合格。

④机械或车辆运行坡度应大于 1∶6，当坡道路面强度偏低时，应填筑适当厚度的碎石和渣土，以免出现塌陷。

（二）土方开挖施工安全的控制措施

施工安全是土方施工中一个很突出的问题，土方塌方是伤亡事故的主要原因。为此，在土方施工中应采取以下措施预防土方坍塌。

（1）土方开挖前要做好排水处理，防止地表水、施工用水和生活用水侵入施工现场或冲刷边坡。

（2）开挖坑（槽）、沟深度超过 1.5m 时，一定要根据土质和开挖深度按规定进行放坡或加可靠支撑。如果既未放坡，也不加支撑，不得施工。

（3）坑（槽）、沟边 1m 以内不得堆土、堆料或停放工具；1m 以外堆土，其高度不超过 1.5m 坑（槽）、沟与附近建筑物的距离不得小于 1.5m，危险时必须采取加固措施。

（4）挖土方不得在石头的边坡下或贴近未加固的危险楼房基底下进行，操作时应随时注意上方土壤的变动情况，如发现有裂缝或部分塌落应及时放坡或加固。

（5）操作人员上下深坑（槽）应预先搭设稳固安全的阶梯，避免上下时发生人员坠落事故。

（6）开挖深度超过 2m 的坑、槽、沟边沿处，必须设置两道 1.2m 高的栏杆和悬挂危险标志，并在夜间挂红色标志灯严禁任何人在深坑（槽）、悬崖、陡坡下面休息。

（7）在雨季挖土方时，必须保持排水畅通，并应特别注意边坡的稳定，大雨时应暂停土方工程施工。

（8）夜间挖土方时，应尽量安排在地形平坦，施工干扰较少和运输道路畅通的地段，施工场地应有足够的照明。

（9）人工挖大孔径桩及扩底桩施工前，必须制订防坠物，防止人员窒息的安全措施，并指定专人负责实施。

（10）机械开挖后的边坡一般较陡，应用人工进行修整，达到设计要求后再进行其他作业。

（11）土方施工中，施工人员要经常注意边坡是否有裂缝，滑坡迹象，一旦发现情况有异。应该立即停止施工，待处理和加固后方可继续进行施工。

（三）边坡的形式、放坡条件及坡度规定

边坡可做成直坡式、折线式和阶梯式三种形式。当地下水水位低于基坑，含水量正常，且淌露时间不长，基坑（槽）深度不超过表 4–1 的规定时，可挖成直壁。

表 4-1　基坑（槽）做成直立壁不加支撑的允许深度

土的类别	深度不超过 /m
密实、中密的砂土和碎石类（砂填充）	1.00
硬塑、可塑的轻粉质黏土及粉质黏土	1.25
硬塑、可塑的黏土及碎石类（黏土填充）	1.50
坚硬的黏土	2.00

当地质条件较好，且地下水水位低于基坑，深度超过上述规定，但开挖深度在 5m 以内，不加支护的最大允许坡度规定见表 4–2；对深度大于 5m 的土质边坡，应分级放坡并设置过渡平台。

表 4-2　基坑不加支护允许坡度

土的类别	密实度或状态	坡度允许值（高宽比）
碎石土（硬塑黏性土填充）	密实	1：0.35 ～ 1：0.50
	中密	1：0.50 ～ 1：0.75
	稍密	1：0.75 ～ 1：1.00
粉性土	土的饱和度< 0.5	1：1.00 ～ 1：1.25
粉质黏土	坚硬	1：0.75
	硬塑	1：1.00 ～ 1：1.25
	可塑	1：1.25 ～ 1：1.50
黏土	坚硬	1：0.75 ～ 1：1.00
	硬塑	1：1.00 ～ 1：1.25
花岗岩残积黏性土		1：0.75 ～ 1：1.00 1：0.85 ～ 1：1.25
杂填土	中密或密实的建筑垃圾	1：0.75 ～ 1：1.00
砂土		1：1.00 或自然休止角

（四）土钉墙支护安全技术

1. 适用范围

土钉墙由密集的土钉群、被加固的原位土体、喷射的混凝土面层和必要的防水系统组成，适用范围如下。

（1）可塑、硬塑或坚硬的黏性土；胶结或弱胶结的粉土、砂石或角砾；填土、风化岩层等。

（2）深度不大于 12m 的基坑支护或边坡加护。

（3）基坑侧壁安全等级为二、三级。

2. 安全作业条件

（1）有齐全的技术文件和完整的施工方案，并已进行交底。

（2）挖除工程部位地面以下 3m 内的障碍物。

（3）土钉墙墙面坡度不宜小于 1：0.1。

（4）注浆材料强度等级不宜低于 M10。

（5）喷射的混凝土面层宜配置钢筋网，钢筋直径宜为 6 ~ 10mm，间距宜为 150 ~ 300mm，混凝土强度等级不宜低于 C20，面层厚度不宜小于 80mm。

（6）当地下水水位低于基坑底时，应采取降水或截水措施，坡顶和坡脚应设排水措施。

3. 基坑开挖

基坑要按设计要求严格分层开挖，在完成上一段作业面土钉且达到设计强度的 70% 时，方可进行下一层土层的开挖。每一层开挖最大深度取决于在支护投入工作前，土壁可以自稳而不发生滑移破坏的能力，在实际工作中，常取基坑每层挖深与土钉竖向间距相等。每层开挖的水平分段也取决于土壤的自稳能力，一般多为 10 ~ 20m。当基坑面积较大时，允许在距离基坑四周边坡 8 ~ 10m 的基坑中部自由开挖，但应注意与分层作业区的开挖相协调。

挖土要选用对坡面土体扰动小的挖土设备和方法，严禁边壁出现超挖或造成边壁土体松动。坡面经机械开挖后，要采用小型机械或人工进行切削清坡，以使坡度与坡面平整度达到设计要求。

4. 边坡处理

为防止基坑边坡的裸露土体塌陷，对易塌的土体可采取下列措施。

（1）对修整后的边坡，立即喷上一层薄的混凝土，混凝土强度等级不宜低于C20，凝结后再进行钻孔。

（2）在作业面上先构筑钢筋网喷射混凝土面层，后进行钻孔和设置土钉。

（3）在水平方向上分小段间隔开挖。

（4）先将作业深度上的边壁做成斜坡，待钻孔并设置土钉后再清坡。

（5）开挖前，沿开挖垂直面击入钢筋或钢管，或注浆加固土体。

5. 土钉作业监控要点

（1）土钉作业面应分层分段开挖和支护，开挖作业面应在24h内完成支护，不宜一次挖两层或全面开挖。

（2）锚杆钻孔器在孔口设置定位器，使钻孔与定位器垂直，钻孔的倾斜角与设计相符。土钉打入前按设计斜度制作一操作平台，钢管或钢筋沿平台打入，保证土钉与墙的夹角与设计相符。

（3）孔内无堵塞，用水冲出清水后，再按下一节钻杆；最后一节遇有粗砂、砂卵土层时，为防止堵塞，孔深应比设计深100 ~ 200mm。

（4）作土钉的钢管要打扁，钢管伸出土钉墙面100mm左右，钢管四周用钢筋架与钢管焊接，并固定在土钉墙钢筋网上。

（5）压浆泵流量经鉴定计量正确，灌浆压力不低于0.4MPa，不宜大于2MPa。

（6）土钉灌浆、土钉墙钢筋网及端部连接通过隐蔽验收后，可进行喷射施工。

（7）土钉抗拔力达到设计要求后，方可开挖下部土方。

（五）内支撑系统基坑开挖安全技术

（1）基坑土方开挖是基础工程中的重要分项工程，也是基坑工程设计的主要内容之一。当有支护结构时，支护结构设计先完成，面对土方开挖方案提出一些限制条件。土方开挖必须符合支护结构设计的工况条件。

（2）基坑开挖前，根据基坑设计及场地条件，编写施工组织设计。挖土机械的通道布置，挖土顺序、土方驳运等，应避免对围护结构、基坑内的工程桩、支撑立柱和周围环境等的不利影响。

（3）施工机械进场前必须验收合格后方能使用。

（4）机械挖土，应严格控制开挖面坡度和分层厚度，防止边坡和挖土机下的土体滑移。挖土机的作业半径不得进入，司机必须持证作业。

（5）当基坑开挖深度较大，坑底土层的垂直渗透系数也相应较大时，应验算坑底土体的抗隆起、抗管涌和抗承压水的稳定性。当承压含水层较浅时，应设置减压井，以降低承压水头或采取其他有效的坑底加固措施。

（六）地下基坑工程施工安全控制措施

（1）核查降水土方开挖，回填是否按施工方案实施。

（2）检查施工单位对落实基坑施工的作业交底记录和开挖，支撑记录。

（3）检查监测工作包括基坑工程和附属建筑物，基坑边地下管线的地下位移，如监测数据超出报警值应有应急措施。

（4）严禁超挖，改坡要规范，严禁坡顶和基坑周边超重堆载。

（5）必须具备良好的降排水措施，边挖土边做好纵横明排水沟的开挖工作，并设置足够的排水井和及时抽水。

（6）基坑作业时，施工单位应在施工方案中确定攀登设施及专用通道，作业人员不得攀登模板，脚手架等临时设施。

（7）各类施工机械与基坑（槽）、边坡和基础孔边的距离应根据重量、基坑（槽）边坡和基础桩的支护土质情况确定。

随着建筑工程规模的不断扩大，在建筑工程中，土石方工程施工也变得越来越重要。可以说，土石方工程施工的难度以及强度都是非常大的，任何一个部位工程的失误都会对整个建筑工程的安全带来严重的影响。所以，在建筑工程土石方工程施工中，必须采取有效的安全技术控制措施，保证工程施工安全。

第二节 主体结构施工安全技术

一、砌筑工程施工安全技术

砌筑工程是建筑工程施工中的重要工程之一。砌筑工程施工安全因为技术简单、对人身安全造成的危害不大而被忽略，因此，更应引起施工安全管理人员和作业者的重视。

（一）施工前的准备

（1）砂浆搅拌机械必须符合《建筑机械使用安全技术规程》（JGJ 33—2012）及《施工现场临时用电安全技术规范》（JGJ 46—2005）的有关规定，施工中应定期对其进行检查、维修。

（2）悬空作业所用的索具、脚手板、吊篮、吊笼、平台等设备，均需经过技术鉴定或认证方可使用。

（3）保障施工进场道路及运输通道环境符合安全要求并保持畅通。

（二）砌筑安全技术措施

（1）进入现场，必须戴好安全帽，扣好帽带，并正确使用个人劳动防护用具。

（2）操作人员必须身体健康，并经过专业培训考试合格，在取得有关部门颁发的操作证或特殊工种操作证后，方可独立操作，学员必须在师傅的指导下进行操作。

（3）悬空作业处应有牢靠的立足处，并必须视情况，配置防护网，栏杆或其他安全措施。

（4）砌基础时，应检查和经常注意基坑土质变化情况，有无崩裂现象，堆放的砖块材料应离开坑边 1m 以上，当深基坑装设挡板支撑时，操作人员应设梯级

上下，不得攀跳运行，不得碰撞支撑，也不得踩踏砌体和支撑上下。

（5）墙身砌体高度超过地坪 1.2m 以上，应搭设脚手架在一层以上或高度超过 4m 时，应采用里脚手架（必须支搭安全网），外脚手架（设护身栏和挡脚板）后方可砌筑。

（6）脚手架上堆料量不得超过规定荷载，堆砖高度不得超过 3 匹侧砖，同一块脚手板上的操作人员不得超过 2 人。

（7）在楼层（特别是预制板面）施工时，堆放机械、砖块等物品不得超过使用荷载，如超过荷载时，必须经过验算采取有效加固措施后方可进行堆放和施工。

（8）不准站在墙顶上做画线、刮缝和清扫墙面或检查大角垂直等工作。

（9）不准用不稳固的工具或物体在脚手板面垫高操作，更不准在未经过加固的情况下，在一层脚手架上随意再叠加一层；脚手板不允许有空头现象。

（10）砍砖时应面向内操作，注意碎砖跳出伤人。

（11）使用于垂直运输的吊笼、绳索具等，必须满足负荷要求，牢固无损，吊运时不得超载，并须经常检查，发现问题及时修理。

（12）用起重机吊砖要用吊笼，吊砂浆料斗不能装得过满，吊件回转范围内不得有人停留。

（13）砖料运输车辆两车前后距离平道上不小于 2m，坡道上不小于 10m，装砖时要先取高处后取低处，防止倒塌伤人。

（14）砌好的山墙，应将临时联系杆（如檩条等）放置在各跨山墙上，使其联系稳定，或采取其他有效的加固措施。

（15）冬期施工时，脚手板上有冰雪、积雪，应先清除后再上架子进行操作。

（16）如遇雨天及每天下班时，要做好防雨措施，以防雨水冲走砂浆，使砌墙倒塌。

（17）在同一垂直面内上下交叉作业时，必须设置安全隔板，下方操作人员必须戴好安全帽。

（18）人工垂直向上或往下（深坑）传递砖块，架子上的站人板宽度应不小于 60cm。

二、模板施工安全技术

随着现代高层建筑增多，设计其为钢筋混凝土框架或框架—剪力墙结构越来越多，因此，模板工程成为结构施工中量大而且周转频繁的重要分项工程，技术要求和安全状况也成了施工技术与安全监督的重点和难点。近年来，随着建筑施工倒塌、坍塌造成安全事故的比例呈逐渐上升趋势，造成较大的损失，因此，有必要了解模板的施工特点，掌握模板支撑施工的技术和安全控制方法，规范现场安全管理行为，防止施工安全事故的发生。

（一）模板工程专项方案

1. 模板专项设计方案

模板使用时需要经过设计计算。模板的结构设计，必须能承受作用在支模结构上的垂直荷载和水平荷载（包括混凝土的侧压力、振捣和倾倒混凝土时产生的侧压力、风力等）。在所有可能产生的荷载中要选择最不利的组合验算模板结构，包括模板面、支撑结构、连接配件的强度、稳定性和刚度。在模板结构上，首先必须保证模板支撑系统形成空间稳定的结构体系。模板专项设计的内容如下。

（1）根据混凝土施工工艺和季节性施工措施，明确其构造和所承受的荷载。

（2）绘制模板设计图、支撑设计布置图、细部构造和异型模板大样。

（3）按模板承受荷载的最不利组合对模板进行验算。

（4）制定模板安装及拆除的程序和方法。

（5）编制模板及构件的规格、数量汇总表和周转使用计划。

2. 模板施工方案

根据《建设工程安全生产管理条例》的要求，模板工程施工前应编制专项施工方案。模板工程施工方案主要有以下几个方面内容。

（1）该工程现浇混凝土工程的概况。

（2）拟选定的模板类型。

（3）模板支撑体系的设计计算及布料点的设置。

（4）绘制模板施工图。

（5）模板搭设的程序、步骤及要求。

（6）浇筑混凝土时的注意事项。

（7）模板拆除的程序及要求。

对高度超过 8m，或跨度超过 18m，或施工总荷载大于 10kN/m^2，或集中线荷载大于 15kN/m^2 的模板支架，应组织专家论证，必要时应编制应急预案。

（二）模板的安装

1. 模板支架的搭设

底座、垫板准确地放在定位线上，垫板采用厚度不小于 35mm 的木板，也可采用槽钢。

2. 基础及地下工程模板安装

基础及地下工程模板安装时应符合下列要求。

（1）地面以下支模应先检查土壁的稳定情况，当有裂纹及塌方危险迹象时，应采取安全措施后，方可作业，但深度超过 2m 时，应为操作人员设置上下扶梯。

（2）距离基槽（坑）边缘 1m 内不得堆放模板，向基槽（坑）内运料应使用起重机、溜槽或绳索；上、下人员应互相呼应，运下的模板禁止立放于基槽（坑）壁上。

（3）斜支撑与侧模的夹角不应小于 45°，支撑在土壁上的斜支撑应加设垫板，底部的楔木应与斜支撑连接牢固，高大、细长基础若采用分层支模时，其下层模板应经就位校正并支撑稳固后，再进行上一层模板的安装。

（4）两侧模板间应用水平支撑连成整体。

3. 柱模板的安装

应符合下列要求。

（1）现场拼装柱模时，应及时加设临时支撑进行固定，4 片柱模就位组拼经对角线校正无误后，应立即自下而上安装柱箍。

（2）若为整体预组合柱模，吊装时应采用卡环和柱模连接，不得用钢筋钩代替。

（3）柱模校正（用 4 根斜支撑或用连接的柱模顶四角带花篮螺丝的缆风绳，底端与楼板筋拉环固定进行校正）后，应采用斜撑或水平撑进行四周支撑，以确保整体稳定。当高度超过 4m 时，应群体或成列同时支模，并应将支撑连成一体，形成整体框架体系。单根支模时，柱宽大于 500mm，应每边在同一标高上不得少于两根斜支撑或水平支撑，与地面的夹角为 45°～60°，下端还应有防滑移的措施。

（4）边、角柱模板的支撑，除满足上述要求外，在模板里面还应于外边对应的点设置既能承拉又能承压的斜撑。

4. 墙模板的安装

应符合下列要求。

（1）用散拼定型模板支模时，应自下而上进行，必须在下一层模板全部紧固后，方准上一层安装，当下层不能独立安设支撑件时，应采取临时固定措施。

（2）采用预拼装的大块墙模板进行支模安装时，严禁同时起吊两块模板，并应边就位边校正边连接，固定后方可摘钩。

（3）安装电梯井内墙模前，必须于板底下 200mm 处满铺一层脚手板。

（4）模板未安装时对拉螺栓前，板面应向后倾一定角度，安装过程应随时拆换支撑或加支撑，以保证墙模随时处于稳定状态。

（5）拼接时的 U 形卡应正反交替安装，间距不得大于 300mm，两块木板对接接缝处的 U 形卡应满装。

（6）对拉螺栓与墙模板应垂直、松紧一致，并能保证墙厚尺寸正确。

（7）墙模板内外支撑必须坚固、可靠，应确保模板的整体稳定。当墙模板外面无法设置支撑时，应于里面设置能承受拉和压的支撑。多排并列且间距不大的墙模板，当其支撑互成一体时，应有防止浇筑混凝土时引起的邻近模板变形的措施。

5. 独立梁和整体楼盖梁结构模板安装

应符合下列要求。

（1）安装独立梁模板时，应设操作平台，高度超过 3.5m 时，应搭设脚手架并设防护栏。严禁操作人员站在独立梁底模或支架上操作及上下通行。

（2）底模与横楞应拉结好，横楞与支架、立柱应连接牢固。

（3）安装梁侧模时，应边安装边以底模连接，侧模多于两块高时，应设临时斜撑。

（4）起拱应在侧模板内外楞连接牢固前进行。

（5）单片预组合梁模，钢楞与面板的拉结应按设计规定制作，并按设计吊点，试吊无误后方可正式吊运安装，待侧模与支架支撑稳定后方准摘钩。

（6）支架立柱底部基土应按规定处理，单排立柱时，应于单排立柱的两边每

隔 3m 加设斜支撑，且每边不得少于两根。

6. 楼板或平台模板的安装

应符合下列要求。

（1）预组合模板采用桁架支模时，桁架与支点连接应牢固可靠，同时，桁架支撑应采用平直通长的型钢或方木。

（2）预组合模板块较大时，应加钢棱后吊运。当组合模板为错缝拼配时，板下横棱应均匀布置，并应在模板端穿插销。

（3）单块木板就位安装，必须待支架搭设稳固，板下横棱与支架连接牢固后进行。

（4）U 形卡应按设计规定安装。

7. 其他结构模板的安装

应符合下列要求。

（1）安装圈梁、阳台、雨篷及挑檐等模板时，其支撑应独立设置，不得支搭在施工脚手架上。

（2）安装悬挑结构模板时，应搭设脚手架或悬挑工作台，并应设置防护栏杆和安全网，作业处的下方不得有人通行或停留。

（3）在悬空部位作业时，操作人员应系好安全带。

（三）模板拆除

拆模时，混凝土的强度应符合设计要求，模板及其他支架拆除的顺序及安全措施应按施工制作方案执行，模板及其他支架拆除顺序和相应的施工安全措施对避免重大工程事故非常重要，在制订施工技术方案时应考虑周全，模板及其支架拆除时，混凝土结构可能尚未形成设计要求的受力体系，必要时应加设临时支撑后浇带模板的拆除及支顶易被忽视而造成结构缺陷，应特别注意。

由于过早拆模，混凝土强度不足而造成混凝土结构构件沉降变形，缺棱掉角、开裂，甚至坍塌的情况时有发生，底模拆除时的混凝土强度要求见表 4–3。

不承重的侧模板包括梁、柱、墙的侧模板，只要混凝土强度能保证其表面及棱角不因拆除模板而受损即可拆除。

模板之前必须有拆模申请，并根据同条件养护试块强度记录达到规定时，技术负责人方可批准拆模。

模板拆除的顺序和方法应根据模板设计的规定进行。若无设计规定，可按先支的后拆，后支的先拆，先拆非承重的模板，后拆承重的模板及支架的顺序进行拆除。

拆除的模板必须随拆随清理，以免钉子扎脚，阻碍运行，发生事故。

拆除的模板向下运行传递，不能采取猛敲，以致大片明落的方法拆除。用起重机吊运拆除的模板时，模板应堆码整齐并捆牢，才可吊运，否则在空中造成“天女散花”是很危险的。拆除的部件及操作平台上的一切物品，均不得从高空抛下。

表 4-3　底模拆除时的混凝土强度要求

构件类型	构件跨度 /m	达到设计的混凝土立方体抗压强度标准值的百分率 /%
板	≤ 2	≥ 50
	＞2，≤ 8	≥ 75
	＞8	≥ 100
梁、拱、壳	≤ 8	≥ 75
	＞8	≥ 100
悬臂构件	—	≥ 100

三、钢筋加工施工安全技术

（一）钢筋加工场地和加工设备安全要求

（1）钢筋调直、切断、弯曲、除锈、冷拉等各种工序的加工机械必须遵守现行国家标准《建筑机械使用安全技术规程》（JGJ 33—2012）的规定，保证安全装置齐全有效，动力线路、钢管从地坪下引入，机壳要有保护零线。

（2）施工现场用电必须符合《施工现场临时用电安全技术规范》（JGJ 46—2005）的规定。

（3）室外作业应设置机棚，机旁应有堆放原料、半成品的场地。

（4）钢筋加工场地必须设专人看管，非钢筋加工制作人员不得擅自进入钢筋加工场地。

（5）各种加工机械在作业人员下班后一定要拉闸断电。

（6）制作成型钢筋时，场地要平整，工作台要稳固，照明灯必须加网罩。

（二）钢筋加工安全要求

（1）钢筋切断机械未达到正常运转时，不可切料。

（2）不得剪切直径及强度超过切断机铭牌额定的钢筋和烧红的钢筋。

（3）切断短料时，手和切刀之间的距离应保持在 150mm 以上，如手握端小于 400mm 时，应采用套管或夹具将钢筋短头压住或夹牢。

（4）运转中，严禁用手直接清除切刀附近的转头杂物。钢筋摆动和切刀周围不得停留非操作人员。

（5）钢筋调直在调直块未固定、防护罩未盖好前不得送料。作业中严禁打开各部防护罩及调整间隙。

（6）当钢筋送入后，手与曳轮必须保持一定的距离，不得接近。

（7）钢筋弯曲芯轴、挡铁轴、转盘等应无裂纹和损伤。防护罩坚固可靠，经空运转确认正常后，方可作业。

（8）钢筋弯曲作业时，将钢筋须弯曲一端插入在转盘固定销的间隙内，另一端紧靠机身固定销，并用力压紧，检查机身固定销确实安放在挡住钢筋的一侧，方可开动。

（9）钢筋弯曲作业时，严禁更换芯轴、销子和变换角度以及调速等作业，也不得进行清扫和加油。

（10）对焊机使用前先检查手柄、压力机构、夹具等是否灵活可靠，根据被焊钢筋的规格调好工作电压，通入冷却水并检查有无漏水现象。

（11）调整短路限位开关，使其在对焊焊接到达预定挤压量时能自动切断电源。

（12）电焊机通电后，应检查电气设备、操作机构、冷却系统、气路系统及机体外壳有无漏电等现象。

（13）点焊机工作时，气路系统、水冷却系统应畅通。气体必须保持干燥，排水温度不超过 40℃，排水量可根据季节调整。

（三）半成品运输及安装安全要求

（1）加工好的钢筋现场堆放应平稳、分散，防止倾倒，塌落伤人。

（2）搬运钢筋时，应防止钢筋碰撞障碍物，防止在搬运中碰撞电线，发生触电事故。

（3）多人运送钢筋时，起、落、转、停动作要一致，人工上下传递时不得在同一垂直线上。

（4）对从事钢筋挤压连接和钢筋直螺纹连接施工的有关人员应经培训、考核后持证上岗，并经常进行安全教育，防止发生人身和设备安全事故。

（5）在高处进行挤压操作，必须遵守现行国家标准《建筑施工高处作业安全技术规范》（JGJ 80—2016）的规定。

（6）在建筑物内的钢筋要分散堆放，高空绑扎、安装钢筋时，不得将钢筋集中堆放在模板和脚手架上。

（7）在高空、深坑绑扎钢筋和安装骨架，必须搭设脚手架和马道。

（8）绑架 3m 以上的柱钢筋必须搭设操作平台，不得站在钢箍上绑架。已绑扎的柱骨架应用临时支撑拉牢，以防倾倒。

（9）绑扎圈梁、挑檐、外墙、边柱钢筋时，应搭设脚手架或悬挑架，并按规定挂好安全网。脚手架的搭设必须有专业架子工搭设且应符合安全操作规程。

（10）绑架筒式结构（如烟囱、水池等），不得站在钢筋骨架上操作或上下。

（11）雨、雪、风力六级以上（含 6 级）天气不得露天作业。清除积水、积雪后方可作业。

四、混凝土现场作业施工安全技术

（一）混凝土搅拌

（1）搅拌机必须安置在坚实的地方用支架或支脚筒架稳，不准用轮胎代替支撑。

（2）搅拌机开机前应检查离合器、制动器、齿轮、钢丝绳等是否良好，滚筒内不得有异物。

（3）进料斗升起时，严禁人员在料斗下面通过或停留，机械运转过程中，严禁将工具伸入拌合筒内，工作完毕后料斗用挂钩挂牢。

（4）拌合机发生故障需现场检修时应切断电源，进入滚筒清理时，外面应派人监护。

（二）混凝土运输

（1）使用手推车运送混凝土时，其运输通道应合理布置，使浇灌地点形成回路，避免车辆拥挤堵塞造成事故，运输通道应搭设平坦牢固，遇钢筋过密时可以用马凳支撑支设，马凳距离一般不超过 2m。

（2）车向料斗倒料时，不得用力过猛或撒把，并应设有挡车措施。

（3）用井架、龙门架运输时，车把不得超过吊盘之外，车轮前后要挡牢，稳起稳落。

（4）用输送泵泵送混凝土时，管道接头、安全阀必须完好，管架必须牢固，输送前必须试送，检修时必须卸压。

（5）用塔式起重机运送混凝土时，小车必须焊有固定的吊环，吊点不得小于 4 个并保持车身平衡；使用专用吊斗时吊环应牢固可靠，吊索钢筋应符合起重机械安全规程的要求。

（三）混凝土浇筑

（1）浇筑混凝土使用的溜槽及串桶节间必须连接牢靠，操作部位应有护身栏杆，不准直接站在溜槽帮上操作。

（2）浇筑高度 3m 以上的框架梁、柱混凝土应设操作台，不得站在模板或支撑上操作。

（3）浇筑拱形结构，应自两边拱脚对称同时进行；浇筑圈梁、雨篷、阳台应设防护措施；浇筑料仓下口应先封闭，并铺设临时脚手架，以防人员坠下。

（4）混凝土振捣器应设单一开关，并装设漏电保护器，插座插头应完好无损，电源线不得破皮漏电，操作者应穿胶鞋，湿手不得触摸开关。

（5）预应力灌浆应严格按照规定压力进行，输浆管道应畅通，阀门接头要紧密牢固。

第三节　拆除工程施工安全技术

一、拆除工程施工方法

建筑拆除工程一般可分为人工拆除、机械拆除、爆破拆除三大类。根据被拆除建筑的高度面积、结构形式，采用不同的拆除方法。由于人工拆除、机械拆除、爆破拆除的方法不同，其特点也各有不同，所以，在安全施工管理上各有侧重点。

（一）人工拆除

人工拆除是指员工采用非动力性工具进行的作业。采用手动工具进行人工拆除的建筑一般为砖木结构，高度不超过6m（两层），面积不大于1000m^2。拆除施工程序应从上至下，按照板、非承重墙、梁、承重墙、柱的顺序依次进行，或依照先非承重结构后承重结构的原则进行拆除。分层拆除时，作业人员应在脚手架或稳固的结构上操作，被拆除的构件应有安全的放置场所。

人工拆除建筑墙体时，不得采用掏掘或推倒的方法。楼板上严禁多人聚集或集中堆放材料，拆除建筑的栏杆、楼梯、楼板等构件，应与建筑结构整体拆除的进度相配合，不得先行拆除。建筑的承重梁、柱，应在其所承载的全部构件拆除后，再进行拆除。拆除施工应分段进行，不得垂直交叉作业，拆除原用于有毒、有害、可燃气体的管道及容器时，必须查清其残留物的种类、化学性质及残留量，采取相应措施后，方可进行拆除施工，以达到确保拆除施工人员安全的目的。拆除的垃圾严禁向下抛掷。

（二）机械拆除

机械拆除是指以机械为主、人工为辅相配合的拆除施工方法。机械拆除的建筑一般为砖混结构，高度不超过20m（六层），面积不大于5000m^2。

拆除施工程序应从上至下，逐层、逐段进行；应先拆除非承重结构，再拆除承重结构，对只进行部分拆除的建筑，必须先给保留部分加固，再进行分离拆除。在施工过程中，必须由专门人员负责随时监测被拆除建筑的结构状态，并应做好记录，当发现有不稳定状态的趋势时，立即停止作业，采取有效措施，消除隐患，确保施工安全。

机械拆除建筑时，严禁机械超载作业或任意扩大机械使用范围。供机械设备（包括液压剪液压锤等）使用的场地必须稳固并保证足够的承载力，确保机械设备有不发生塌陷、倾覆的工作面，作业中机械设备不得同时做回转、行走两个动作。机械不得带故障运转，当进行高处拆除作业时，对较大尺寸的构件或沉重的材料（楼板、屋架、梁、柱、混凝土结构件等），必须使用起重机具及时吊下，拆卸下来的各种材料应及时清理，分类堆放在指定场所，严禁向下抛掷。

拆除吊装作业的起重司机，必须严格执行操作规程和“十不吊”原则。信号指挥人员必须按照现行国家标准《起重吊运指挥信号》（GB 5082—1985）的规定作业，作业人员使用机具包括风镐、液压锯、水钻、冲击钻等，严禁超负荷使用或带故障运转。

（三）爆破拆除

爆破拆除是利用炸药爆炸瞬间产生的巨大能量进行建筑拆除的施工方法。采用爆破拆除的建筑一般为混凝土结构，高度超过20m（六层），面积大于5000m^2。

爆破拆除工程应该根据周围环境条件、拆除对象类别、爆破规模按照现行国家标准《爆破安全规程》（GB 6722—2014）分为A、B、C三级，不同级别的爆破拆除工程有相应的设计施工难度。爆破拆除工程设置必须按级别经当地有关部门审核，做出安全评估和审查批准后方可实施。

从事爆破拆除工程的施工单位必须持有所在地有关部门核发的《爆发物品使用许可证》，承担相应等级以下级别的爆破拆除工程，爆破拆除设计人员应具有承担爆破拆除作业范围和相应级别的爆破工程技术人员作业证，从事爆破拆除施工的作业人员，应持证上岗。

运输爆破器材时，必须向所在地有关部门申请领取《爆破物品运输证》，应按照规定路线运输，并应派专人押送，爆破器材至临时保管地点，必须经当地有关部门批准，严禁同室保管与爆破器材无关的物品。

爆破拆除的预拆除施工应确保建筑安全和稳定，爆破拆除的预拆除是指爆破实施前有必要进行部分拆除的施工，预拆除施工可以减少钻孔和爆破装药量，消除下层障碍物（如非承重的墙体）有利于建筑塌落、破碎、解体。预拆除施工可采用机械和人工方法拆除非承重的墙体或不影响结构稳定的构件。

爆破拆除建筑施工时，应对爆破部位进行覆盖和遮挡防护，覆盖材料和遮挡设施应选用不宜抛散和折断，并能防止碎块穿透的材料，固定方便，固牢可靠。

爆破作业是一项特种施工方法，爆破拆除工程的设计和施工必须按《爆破安全规程》（GB 6722—2014）有关爆破实施操作规定执行。

二、拆除工程安全管理的一般规定

（1）从事拆除施工的企业，必须持有政府主管部门核发的资质证书，并按相应的等级规定承接工程作业，杜绝越级承包工程和转包工程。

（2）任何拆除工程，施工前必须编制施工组织设计，施工组织设计必须贯穿安全、快速，经济、扰民小的原则，编制时必须做好以下三个方面工作。

①通过查阅图纸，踏看现场，全面掌握拆除工程第一手资料。

②制定组织有序的、符合安全的施工顺序。

③制定针对性强的安全技术措施。

在施工过程中，如果必须改变施工方法，调整施工顺序，必须先修改、补充施工组织设计，并以书面形式将修改、补充意见通知施工部门。

（3）有以下情况之一的拆除工程施工组织设计必须通过专家论证。

①在市区主要地段或邻近公共场所等人流稠密的地方，可能影响行人、交通和其他建筑物、构筑物安全的。

②结构复杂、坚固，拆除技术性很强的。

③地处文物保护建筑或优秀近代保护建筑控制范围的。

④邻近地下构筑及影响面大的煤气管道，上、下水管道，重要电缆、电信网。

⑤高层建筑、码头、桥梁或有毒、有害，易燃等有其他特殊安全要求的。

⑥配合市属重点工程的。

⑦其他拆除施工管理机构认为有必要进行技术论证的。

技术论证的重点是：施工方法、施工程序、安全措施等是否合理可行，并形成论证意见供施工单位参考执行。

（4）在拆除方法选择上，为了减少伤亡事故，减少噪声，粉尘对市民的危害，应尽量减少人工拆除范围，改用机械拆除和爆破拆除。

（5）拆除施工企业的技术人员，项目负责人、安全员及从事拆除施工的操作人员，必须经过行业主管部门指定的培训机构培训，并取得拆除施工管理人员上岗证或建筑工人（拆除工上岗证）后，方可上岗。

（6）施工人员进入施工现场，必须戴好安全帽，扣紧帽带；高空作业必须系安全带，安全带应高挂低用，挂点牢靠。

（7）施工现场危险区域必须设置醒目的警示标志，采取警戒措施。

（8）拆除现场防火措施应符合市建委，市公安局《施工现场防火规定（试行）》的规定。

（9）拆除施工噪声应符合现行国家《建筑施工场界环境噪声排放标准》（GB 12523—2011）的规定，住宅区域夜间不得进行拆除施工，市政重大工程或采取爆破拆除必须夜间施工的应向当地有关部门提出申请，获准后方可施工。

（10）拆除施工应控制扬尘，对扬尘较大的施工环节应采用湿式作业法。

（11）位于主要路段或邻近文化娱乐等公共场所，人流稠密的拆除施工工地，要采用夹板，压型板等轻质材料围栏，如用砖砌围栏，必须按规定砌筑，并做刷白处理，必要时在人行道上方搭隔离棚，以确保行人安全。

（12）施工用脚手架，必须请有资质的专业单位搭设，须拉攀牢靠，经验收合格后方可使用，并随建筑物拆除进度及时拆除。

（13）拆除施工影响范围内的建（构）筑物和管线的保护应符合下列要求。

①相邻建（构）筑物应事先检查，采取必要的技术措施，并实行全过程动态监护。

②相邻管线必须先经管线管理单位采取切断，移位或其他保护措施。

③机械设备在施工作业时必须与架空线路保持安全距离，如无法保持安全距离时必须对线路进行特殊防护后方可施工。

（14）拆除管道容器时，应首先查清管道容器中介质的化学性质，对影响施工安全的必须采取中和，清洗。

（15）拆除项目竣工后，必须有验收手续，达到工完、料清、场地净，并确保周围环境整洁和相邻建筑、管线的安全。

三、拆除工程文明施工管理

拆除工程施工现场清运渣土的车辆应在指定地点停放，车辆应封闭或采用毡布覆盖，出入现场时应有专人指挥。清运渣土的作业时间应遵守有关规定。拆除工程施工时，设专人向被拆除的部位洒水降尘，减少对周围环境的扬尘污染。

拆除工程施工现场区域内地下的各类管线，施工单位应在地面上设置明显标志，对检查井、污水井应采取相应的保护措施。

施工单位必须落实防火安全责任制，建立义务消防组织，明确责任人，负责施工现场的日常防火安全管理工作。根据拆除工程施工现场作业环境，应制定相应的消防安全措施；并应保证充足的消防水源，现场消火栓控制范围不宜大于50m，配备足够的灭火器材，每个设置点的灭火器数量以 2 ~ 5 具为宜。

施工现场应建立健全用火管理制度。施工作业用火时，必须履行动火审批手续，经现场防火负责人审查批准，领取用火证后，方可在指定时间、地点作业，作业时应配备专人监护，作业后必须确认无火源危险后方可离开作业地点。

拆除建筑物时，当遇有易燃、可燃物及保温材料时，严禁明火作业，施工现场应设置不小于 3.5m 宽的消防车道并保持畅通。

第四节　高处作业与安全防护

一、高处作业的分级和标记

（1）高处作业高度在 2 ~ 5m 时，划定为一级高处作业，其坠落半径为 2m。

（2）高处作业高度在 5 ~ 15m 时，划定为二级高处作业，其坠落半径为 3m。

（3）高处作业高度在 15 ~ 30m 时，划定为三级高处作业，其坠落半径为 4m。

（4）高处作业高度大于 30m 时，划定为特级高处作业，其坠落半径为 5m。

高处作业又分为一般高处作业和特殊高处作业，其中特殊高处作业又分为八类。

（1）在阵风风力六级（风速为 10.8m/s）以上的情况下进行的高处作业，称为强风高处作业。

（2）在高温或低温环境下进行的高处作业，称为异温高处作业。

（3）降雪时进行的高处作业，称为雪天高处作业。

（4）降雨时进行的高处作业，称为雨天高处作业。

（5）室外完全采用人工照明时进行的高处作业，称为夜间高处作业。

（6）在接近或接触带电体条件下进行的高处作业，称为带电高处作业。

（7）在无立足点或无牢靠立足点的条件下进行的高处作业，称为悬空高处作业。

（8）对突然发生的各种灾害事故进行抢救的高处作业，称为抢救高处作业。

一般高处作业是指除特殊高处作业以外的高处作业。

一般高处作业标记时，写明级别和种类；特殊高处作业标记时，写明级别和类别，种类可省略不写。

例 1：一级，强风高处作业。

例 2：二级，高温、悬空高处作业。

例 3：三级，一般高处作业。

二、高处作业安全防炉措施

（1）凡是进行高处作业施工的，应使用脚手架、平台、梯子、防护围栏、挡脚板、安全带和安全网等作业前，应认真检查所用的安全投放是否牢固、可靠。

（2）凡从事高处作业人员应接受高处作业安全知识的教育；特殊高处作业人员应持证上岗，上岗前应依据有关规定进行专门的安全技术交底采用新工艺、新技术、新材料和新设备的，要按规定对作业人员进行相关安全技术教育。

（3）高处作业人员应经过体检合格后方可上岗施工单位应为作业人员提供合格的安全帽、安全带等必备的个人安全防护用具，作业人员应按规定正确佩戴和使用。

（4）施工单位应按类别有针对性地将各类安全警示标志悬挂于施工现场各相应部位，夜间应设红灯示警。

（5）高处作业所用工具、材料严禁投掷，上下主体交叉作业确有需要时，中间须设隔离设施。

（6）高处作业应设置可靠扶梯，作业人员应沿着扶梯上下，不得沿着立杆与栏杆攀登。

（7）在雨、雪天应采取防护措施，当风速在10.8m/s以上和雷电、暴风、大雾等气候条件不得进行露天高处作业。

（8）高处作业上下应设置联系信号或通信装置，并指定专人负责。

（9）高处作业前，工程项目部应组织有关部门对安全防护设施进行验收，经验收合格签字后方可作业需要临时拆除或变动安全设施的，应经项目技术负责人审批签字，并组织有关部门验收，经验收合格签字后方可实施。

三、高处作业的基本类型

建筑施工中的高处作业主要包括临边、洞口，攀登、悬空、交叉五种基本类型，这些类型的高处作业是高处作业伤亡事故可能发生的主要地点。

（一）临边作业

临边作业是指施工现场中，工作面边沿无围护设施或围护设施高度低于80cm时的高处作业。下列作业条件属于临边作业。

（1）基坑周边，无防护的阳台、料台与挑平台等。

（2）无防护楼层、楼面周边。

（3）无防护的楼梯口和梯段口。

（4）井架、施工电梯和脚手架等的通道两侧面。

（5）各种垂直运输卸料平台的周边。

（二）洞口作业

洞口作业是指孔、洞口旁边的高处作业，包括施工现场及通道旁深度在 2m 及 2m 以上的桩孔、沟槽与管道孔洞等边沿作业。

建筑物的楼梯口、电梯口及设备安装预留洞口等（在未安装正式栏杆、门窗等围护结构时），还有一些施工需要预留的上料口、通道口、施工口等。凡是在 2.5cm 以上，洞口若没有防护时，就有造成作业人员高处坠落的危险；或者若不慎将物体从这些洞口坠落时，还可能造成下面的人员发生物体打击事故。

（三）攀登作业

攀登作业是指借助建筑结构或脚手架上的登高设施或采用梯子或其他登高设施在攀登条件下进行的高处作业。

在建筑物周围搭拆脚手架、张挂安全网、装拆塔机、龙门架、井字架、施工电梯、桩架，登高安装钢结构构件等作业都属于这种作业。

进行攀登作业时作业人员由于没有作业平台，只能攀登在可借助物的架子上作业，要借助一手攀、一只脚勾或用腰绳来保持平衡，身体重心垂线不通过脚下，作业难度大，危险性大，若有不慎就可能坠落。

（四）悬空作业

悬空作业是指在周边临空状态下进行的高处作业。其特点是在操作者无立足点或无牢靠立足点条件下进行高处作业。

建筑施工中的构件吊装，利用吊篮进行外装修，悬挑或悬空梁板、雨篷等特殊部位支拆模板、扎筋、浇筑混凝土等项作业都属于悬空作业。由于是在不稳定的条件下施工作业，危险性很大。

（五）交叉作业

交叉作业是指在施工现场的上下不同层次，于空间贯通状态下同时进行的高处作业。现场施工上部搭设脚手架、吊运物料、地面上的人员搬运材料、制作钢筋，或外墙装修下面打底抹灰、上面进行面层装饰等，都是施工现场的交叉作业。在交叉作业中，若高处作业不慎碰掉物料，失手掉下工具或吊运物体散落，都可能砸到下面的作业人员，发生物体打击伤亡事故。

四、高处作业安全技术常识

高处作业时的安全措施有设置防护栏杆、孔洞加盖、安装安全防护门，满挂安全平立网，必要时设置安全防护棚等。

（一）高处作业的一般施工安全规定和技术措施

（1）施工前，应逐级进行安全技术教育及交底，落实所有安全技术措施和个人防护用品，未经落实时不得进行施工。

（2）高处作业中的安全标志、工具、仪表、电气设施和各种设备，必须在施工前加以检查，确认其完好，方能投入使用。

（3）悬空、攀登高处作业以及搭设高处安全设施的人员必须按照国家有关规定经过专门的安全作业培训，并取得特种作业操作资格证书后，方可上岗作业。

（4）从事高处作业的人员必须定期进行身体检查，诊断患有心脏病、贫血、高血压、癫痫病、恐高症及其他不适宜高处作业的疾病时，不得从事高处作业。

（5）高处作业人员应头戴安全帽，身穿紧口工作服，脚穿防滑鞋，腰系安全带。

（6）高处作业场所有坠落可能的物体，应一律先行撤除或予以固定。所用物件均应堆放平稳，不妨碍通行和装卸。工具应随手放人工具袋，拆卸下的物件及余料和废料均应及时清理运走，清理时应采用传递或系绳提溜方式，禁止抛掷。

（7）遇有六级以上强风、浓雾和大雨等恶劣天气，不得进行露天悬空与攀登高处作业。台风暴雨后，应对高处作业安全设施逐一检查，发现有松动、变形、损坏或脱落、漏雨、漏电等现象，应立即修理完善或重新设置。

（8）所有安全防护设施和安全标志等。任何人都不得损坏或擅自移动和拆除。因作业必须临时拆除或变动安全防护设施、安全标志时，必须经有关施工负责人同意，并采取相应的可靠措施，作业完毕后立即恢复。

（9）施工中对高处作业的安全技术设施发现有缺陷和隐患时，必须立即报告，及时解决。危及人身安全时，必须立即停止作业。

（二）高处作业的基本安全技术措施

（1）凡是临边作业，都要在临边处设置防护栏杆，一般上杆离地面高度一般

为 1.0 ~ 1.2m，下杆距离地面高度为 0.5 ~ 0.6m；防护栏杆必须自上而下用安全网封闭，或在栏杆下边设置严密固定的高度不低于 18cm 的挡脚板或 40cm 的挡脚笆。

（2）对于洞口作业，可根据具体情况采取设防护栏杆、加盖板、张挂安全网与装栅门等措施。

（3）进行攀登作业时，作业人员要从规定的通道上下，不能在阳台之间等非规定通道进行攀登，也不得任意利用吊车车臂架等施工设备进行攀登。

（4）进行悬空作业时，要设有牢靠的作业立足处，并视具体情况设防护栏杆，搭设脚手架、操作平台，使用马凳，张挂安全网或其他安全措施；作业所用索具、脚手板、吊篮、吊笼、平台等设备，均需经技术鉴定方能使用。

（5）进行交叉作业时，注意不得在上下同一垂直方向上操作，下层作业的位置必须处于依上层高度确定的可能坠落范围之外。不符合以上条件时，必须设置安全防护层。

（6）结构施工自二层起，凡人员进出的通道口（包括井架、施工电梯的进出口），均应搭设安全防护棚。高度超过 24m 时，防护棚应设双层。

（7）建筑施工进行高处作业之前，应进行安全防护设施的检查和验收。验收合格后，方可进行高处作业。

五、脚手架作业安全技术常识

脚手架的搭设、拆除作业属悬空、攀登高处作业，其作业人员必须按照国家有关规定经过专门的安全作业培训，并取得特种作业操作资格证书后，方可上岗作业其他无资格证书的作业人员只能做一些辅助工作，严禁悬空、登高作业。

（一）脚手架的作用及常用架型

脚手架的主要作用是在高处作业时供堆料、短距离水平运输及作业人员在上面进行施工作业。高处作业的五种基本类型的安全隐患在脚手架上作业中都会发生。脚手架应满足以下基本要求。

（1）要有足够的牢固性和稳定性，保证施工期间在所规定的荷载和气候条件下，不产生变形、倾斜和摇晃。

（2）要有足够的使用面积，满足堆料、运输、操作和行走的要求。

（3）构造要简单，搭设、拆除和搬运要方便。

常用脚手架有扣件式钢管脚手架、门式钢管脚手架、碗扣式钢管架等。另外，还有附着升降脚手架、悬挂式脚手架、吊篮式脚手架、挂式脚手架等。

（二）脚手架作业一般安全技术常识

（1）每项脚手架工程都要有经批准的施工方案。严格按照此方案搭设和拆除，作业前必须组织全体作业人员熟悉施工和作业要求，进行安全技术交底。班组长要带领作业人员对施工作业环境及所需工具、安全防护设施等进行检查，消除隐患后方可作业。

（2）脚手架要结合工程进度搭设。结构施工时，脚手架要始终高出作业面一步架，但不宜一次搭得过高。未完成的脚手架，作业人员离开作业岗位（休息或下班）时，不得留有未固定的构件，并保证架子稳定。脚手架要经验收签字后方可使用。分段搭设时应分段验收。在使用过程中要定期检查，较长时间停用、台风或暴雨过后使用要进行检查加固。

（3）落地式脚手架基础必须坚实，若是回填土时，必须平整夯实，并做好排水措施，以防止地基沉陷引起架子沉降、变形、倒塌。当基础不能满足要求时，可采取挑、吊、撑等技术措施，将荷载分段卸到建筑物上。

（4）设计搭设高度较小时（15m 以下），可采用抛撑；当设计高度较大时，采用既抗拉又抗压的连墙点（根据规范用柔性或刚性连墙点）。

（5）施工作业层的脚手板要满铺、牢固，距离墙间隙不大于 15cm，并不得出现探头板；在架子外侧四周设 1.2m 高的防护栏杆及 18cm 的挡脚板，且在作业层下装设安全平网；架体外排立杆内侧挂设密目式安全立网。

（6）脚手架出入口须设置规范的通道口防护棚；外侧临街或高层建筑脚手架，其外侧应设置双层安全防护棚。

（7）架子使用中，通常架上的均布荷载不应超过规范规定，人员、材料不要太集中。

（8）在防雷保护范围之外，应按规定安装防雷保护装置。

（9）脚手架拆除时，应设警戒区和醒目标志，有专人负责警戒；架体上材料、杂物等应消除干净；架体若有松动或危险的部位，应予以先行加固，再进行

拆除。

（10）拆除顺序应遵循“自上而下，后装的构件先拆，先装的后拆，一步一清”的原则，依次进行。不得上下同时拆除作业，严禁用踏步式、分段、分立面拆除法。

（11）拆下来的杆件、脚手板、安全网等应用运输设备运至地面，严禁从高处向下抛掷。

六、高处作业安令防护用品使用常识

由于建筑行业的特殊性，高处作业中发生的高处坠落、物体打击事故的比例最大。许多事故案例都说明，由于正确佩戴了安全帽、安全带或按规定架设了安全网，从而避免了伤亡事故。事实证明，安全帽、安全带、安全网是减少和防止高处坠落和物体打击这类事故发生的重要措施，称为“三宝”。作业人员必须正确使用安全帽，调好帽箍，系好帽带；正确使用安全带，高挂低用。

（一）安全帽

安全帽是对人体头部受外力伤害（如物体打击）起防护作用的帽子。使用时应注意以下几点。

（1）选用经有关部门检验合格，其上有“安监”标志的安全帽。

（2）使用戴帽前先检查外壳是否破损，有无合格帽衬、帽带是否齐全，如果不符合要求立即更换。

（3）调整好帽箍、帽衬（4 ~ 5cm），系好帽带。

（二）安全带

安全带是高处作业人员预防坠落伤亡的防护用品。使用时应注意以下几点。

（1）选用经有关部门检验合格的安全带，并保证在使用有效期内。

（2）安全带严禁打结、续接。

（3）使用中，要可靠地挂在牢固的地方，高挂低用，且要防止摆动，避免明火和刺割。

（4）2m 以上的悬空作业，必须使用安全带。

（5）在无法直接挂设安全带的地方，应设置挂安全带的安全拉绳、安全栏杆等。

（三）安全网

安全网是用来防止人、物坠落或用来避免、减轻坠落及物体打击伤害的网具。使用时应注意以下几点。

（1）要选用有合格证的安全网。

（2）安全网若有破损、老化应及时更换。

（3）安全网与架体连接不宜绷得太紧，系结点要沿边分布均匀、绑牢。

（4）立网不得作为平网使用。

（5）立网必须选用密目式安全网。

第五节　施工防火安全要求

一、施工现场防火要求

（一）施工现场防火的一般要求

（1）在编制施工组织设计时，施工总平面图、施工方法和施工技术均要符合消防安全要求。

（2）建筑工地必须制订防火安全措施，并及时向有关人员、作业班组交底落实，施工现场应做好生产、生活用火的管理。

（3）临时工、合同工等各类新工人进入施工现场，都要进行防火安全教育和防火知识的学习，经考试合格后才能上岗工作。

（4）施工现场应明确划分用火作业，如易燃、可燃材料堆场、仓库，易燃废品集中站和生活区等区域。

（5）施工现场夜间应用照明设备，保持消防车通道畅通无阻，并要安排力量加强值班巡逻。

（6）施工作业期间需搭设临时性建筑物，必须经施工企业技术负责人批准，施工结束应及时拆除但不得在高压架下面搭设临时性建筑物或堆放可燃物品。

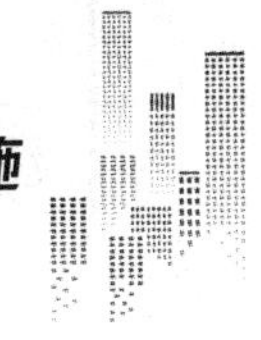

（7）在土建施工时，应先将消防器材和设施配备好，有条件的，应敷设好室外消防水管和消火栓，并指定专人维护、管理，定期更新，保证完整好用。

（8）焊、割作业点与氧气瓶、电石桶和乙炔发生器等危险物品的距离不得少于10m，与易燃、易爆物品的距离不得少于30m，如达不到上述要求的，应执行动火审批制度，并采取有效的安全隔离措施。

（9）氧气瓶，乙炔发生器等焊割设备的安全附件应完整有效，否则不准使用。乙炔发生器和氧气瓶的存放之间不得少于2m，使用时两者的距离不得少于5m。

（10）施工现场的焊、割作业，必须符合防火要求，严格执行“十不烧”规定。

（11）施工现场用电，应严格执行市建委施工现场电气安全管理规定，加强电源管理，防止发生电气火灾。

（二）雨季和高温季节施工的防火安全要求

雨季来临时，因气候潮湿、雷阵雨时还会发生雷击事故，所以，在雨季前应检查高大机构设备（如塔式起重机、外用电梯）的防雷措施；对外露的电气设备及线路，应加强绝缘破损及遮雨设施的检查，如防漏电起火。对石灰、电石等常用的遇水燃烧物品，应防漏、防潮、垫高存放。高温季节则重点做好对易燃、易爆物品（如汽油、香蕉水）的安全保管及发放使用。

（三）火灾险情的处置

因意外情况发生火灾事故，千万不要惊慌，应一方面迅速电话报警，另一方面组织人力积极扑救。火警电话拨通后，要讲清起火的单位和详细地址，也要讲清起火的部位、燃烧的物质、火灾的程度、着火的周边环境等情况，以便消防部门根据情况派出相应的灭火力量。

二、施工现场仓库防火

施工现场仓库（包括库房和露天货场）是建筑材料和施工器具高度集中的场所，一旦发生火灾，就会使大量的物资被烧毁，造成重大的经济损失。因此，施工现场仓库是防火安全工作的重点，搞好仓库防火具有重要的意义。

对易引起火灾的仓库，应将库房内、外按 500m² 的区域分段设立防火墙，将建筑平面划分为若干个防火单元，以便考虑失火后能阻止火势的扩散。仓库应设在水源充足，消防车能驾驶到的地方，同时，根据季节风向的变化，应设在下风方向。

储量大的易燃仓库，应将生活区、生活辅助区和堆场分开布置，仓库应设两个以上的大门，大门应向外开启。固体易燃物品应当与易燃、易爆的液体分间存放，不得放在同一个仓库内混合储存不同性质的物品。

（一）易燃易爆物品储存注意事项

（1）易燃仓库堆料场和其他建筑物、铁路、道路、高压线的防火间距，应按《建筑设计防火规范》（GB 50016—2014）的有关规定执行。

（2）易燃仓库堆料场物品应当分类、分堆、分组和分垛存放，每个堆垛面积为：木材（板材）不得大于 300m²；稻草不得大于 150m²；锯末不得大于 200m²。堆垛与堆垛之间应留 3m 宽的消防通道。

（3）易燃露天仓库的四周内，应有不小于 6m 的平坦空地作为消防通道。通道上禁止堆放障碍物。

（4）有明火的生产辅助区和生活用房与易燃堆垛之间，至少应保持 30m 的防火间距，有飞火的烟囱应布置在仓库的下风地带。

（5）贮藏的稻草、锯末、煤炭等物品的堆垛，应保持良好通风，注意堆垛内的温度、湿度变化；发现温度超过 38℃，或水分过低时，应及时采取措施，防止其自燃起火。

（6）在建的建筑物内不得存放易燃爆物品。尤其是不得将木工加工区设在建筑物内。

（7）仓库保管员应当熟悉储存物品的分类、性质、保管业务知识和防火安全制度，掌握消防器材的操作使用和维修保养方法，做好本岗位的防火工作。

（二）易燃物品的装卸管理

（1）物品入库前应当有专人负责检查，确定无火种等隐患后，方可装卸物品。

（2）拖拉机不得进入仓库、材料场进行装卸作业，其他车辆进入仓库或露天

堆料场装卸时，应安装符合要求的火星熄灭防火罩。

（3）在仓库或堆料场内进行吊装作业时，其机械设备必须符合防火要求，严防产生火星，引起火灾。

（4）装过化学危险物品的车，必须清洗干净后方准装运易燃和可燃物品。

（5）装卸作业结束后，应当对库区、库房进行检查，确认安全后，方可离人。

（三）易燃仓库的用电管理

（1）仓库或堆料场内一般使用地下电缆，若有困难需设置架空电力线路，架空电力线路与露天易燃堆垛的最小水平距离，不应小于电线高度的 1.5 倍。库房内敷设的配电线路，需穿金属管或用非燃硬塑料管保护。

（2）仓库或堆料场所禁止使用碘钨灯和超过 60W 以上的白炽灯等高温照明灯具；当使用日光灯等低温照明灯具和其他防燃型照明灯具时，应当对镇流器采取隔热、散热等防火保护措施。照明灯具与易燃堆垛间至少保持 1m 的距离，安装的开关箱、接线盒，应距离堆垛外缘不小于 1.5m，不准乱拉临时电气线路。储存大量易燃物品的仓库场地应设置独立的避雷装置。

（3）库房内不准设置移动式照明灯具。照明灯具下方不准堆放物品，其垂点下方与储存物品水平之间距离不得小于 0.5m。

（4）库房内不准使用电炉、电烙铁、电熨斗等电热器具和电视机、电冰箱等家用电器。

（5）库区的每个库房应当在库房外单独安装开关箱，保管人员离库时，必须拉闸断电。禁止使用不规格的电器保险装置。

三、地下工程消防

地下工程是指施工作业地平面低于室外平面的高度的工程，地下工程大都附设在工业与民用建筑内，多为无窗建筑。近年来，随着我国经济的发展，地下建筑越来越多地被用来作为娱乐场所，一旦发生火灾不仅疏散扑救困难，而且烟火还威胁地上建筑的安全。

地下工程施工中除遵守正常施工中的各项防火安全管理制度和要求外，还应遵守以下防火安全要求。

（1）施工现场的临时电源线不宜直接敷设在墙壁或土墙上，应用绝缘材料架空安装。配电箱应采取防水措施，潮湿地段或渗水部位照明，应采取相应的措施或安装防潮灯具。

（2）施工现场应有不少于两个出入口；施工距离长时，应当适当增加出入口的数量。施工区面积不超过 $50m^2$，且施工人员不超过 20 人时，可只设一个直通地上的安全出口。

（3）安全出入口、疏散走道和楼梯的宽度应按其通过人数每 100 人不少于 1m 的净宽计算。每个出入口的疏散人数不宜超过 250 人。安全出入口、疏散走道、楼梯的最小净宽不应小于 1m。

（4）疏散走道、楼梯及坡道内，不宜设置凸出物或堆放施工材料和机具。

（5）疏散走道、安全出入口、疏通马道（楼梯）、操作区域等部位，应设置火灾事故照明灯。火灾事故照明灯在上述部位的最低照度应不低于 5lx。

（6）疏散走道及其交叉口、拐弯处、安全出口处应设置疏散指示标志灯。疏散指示标志灯的距离不易过大，距地面高度应为 1 ~ 1.2m，标志灯正前方 0.5m 处的地面应不低于 1lx。

（7）火灾事故照明灯和疏散指示灯工作电源断电后，应能自动投合。

（8）地下工程施工区域应设置消防给水管道和消火栓，消防给水管道可以与施工用水管道合用。特殊地下工程不能设置消防用水时，应配备足够数量的轻便消防器材。

（9）大面积油漆粉刷和喷漆应在地面施工，局部的粉刷可在地下工程内部进行，但一次粉刷的量不宜过多，同时，在粉刷区域内禁止一切火源，加强通风。

（10）禁止在地下工程内部使用及存放中压式乙炔发生器。

（11）制订应急的疏散计划。

四、高层建筑消防

由于城市现代化的发展，高层建筑越来越多。由于高层建筑都有建筑高度高、建筑面积大、用电设备多、供电要求高、人员集中等特点，这些都给建筑的防火提出了很高的要求。另外，高层建筑发生火灾时火势蔓延迅速、人员疏散困

难、扑救难度大、火灾隐患多，因此，高层建筑的防火安全就成为一个十分重要的问题。近年来，高层火灾事故呈明显上升趋势，给国家和人民生命财产造成了极大的损失。因此，必须贯彻“预防为主，防消结合”的消防工作方针，加强高层建筑工地防火安全工作，从严管理，防患未然。

（一）高层建筑工地火灾的特点

纵观城市高层建筑工地的火灾，一般具有以下特点。

1. 火势蔓延快

高层建筑的楼梯间、电梯井、管道井、风道、电缆井等竖向井道多，如果防火分隔处理不好，发生火灾时就好像一座座高耸的烟囱，成为火势迅速蔓延的途径，尤其是高级宾馆、综合楼和图书馆、办公楼等高层建筑，一般室内可燃物较多，一旦起火燃烧猛烈，蔓延迅速。据测定，在火势初期阶段，因空气对流，在水平方向烟气扩散速度为 3m/s，在火灾燃烧猛烈阶段，各管井扩散速度则可达 3 ~ 4m/s，假如一座高度为 100m 的高层建筑发生火灾，在无阻挡的情况下，33s 左右，烟气就能顺竖向管井扩散到顶层，其扩散速度是水平方向的 10 倍以上。

2. 疏散困难

高层建筑的特点：一是层楼多，垂直距离长，疏散到地面或其他安全场所的时间长；二是人员集中；三是发生火灾时由于各竖井空气流动畅通，火势和烟雾向上蔓延快，增加了疏散的难度，我国有些经济发达城市的消防部门购置了少量的登高消防车，但大多数有高层建筑的城市尚无登高消防车，而且其高度也不能满足安全疏散和扑救的需要。普通电梯在火灾发生时因不防烟火或停电等原因而无法使用，因此，多数高层建筑安全疏散主要是靠楼梯，而楼梯间内一旦窜入烟气，就会严重影响疏散，这些都是高层建筑发生火灾时进行疏散的不利条件。

3. 扑救难度大

高层建筑高达数十米，甚至达数百米，发生火灾时从室外进行扑救相当困难，一般要立足于自救，即主要依靠室内消防设施，但由于目前我国经济条件所限，高层建筑内部的消防设施还不完善，尤其是二类高层建筑仍以消火栓扑救为主，因此，扑救高层建筑火灾往往遇到较大困难。例如，热辐射强、火势蔓延速度、高层建筑的消防用水量不足等。

（二）预防高层建筑工地火灾的对策

根据国家有关部门关于现代高层建筑的消防规范和有关规定，针对当前高层建筑施工现场的实际情况，预防高层建筑工地火灾应该做到以下几点。

（1）必须搞好防火设计高层建筑组织设计时，要针对现代化建筑装修、安装各阶段的特点，提出与之相适应的防火设计，力求做到“三有”，即有计划、有措施、有准备。

（2）必须落实规章制度高层建筑工地防火一定要建立健全各项行之有效的规章制度，将防火责任切实落实到各个施工单位的具体责任人，可设总的专职现场防火巡查人员，加强监督检查，力求“三早”，即隐患早发现、措施早制定、设施早到位，保证已有的各项防火措施真正落到实处。

必须使用隔火挡板在高层建筑施工中，对某些位置实施电焊前，在施焊点近处的一侧或两侧应使用隔火挡板，阻止电焊飞溅火花点燃可燃物材料。隔火挡板的尺寸大小、形状及安装位置，应以保证安全、方便操作的需要而定。有时还可以视情况使用接火斗，从而较好地接住施焊时落下或飞溅的电焊火花。

（4）必须严禁擅用明火高层建筑施工现场要严禁吸烟，严格禁止擅自运用各种形式的明火。因施工必要时，必须事先向现场主管部门申请并办理必要的动火手续，在确保安全的前提下方可进行明火作业。同时要加强临时用电管理，严禁乱接、乱拉用电，避免电气起火。

（5）必须配齐灭火器材高层建筑施工现场的各个楼层和重点防火部位，要配备齐全的灭火器材，可配置适当数量的临时手提式灭火器、消防水桶、消防沙袋等，各种消防器材一定要放在明显和方便提取的位置，并作“消防用品，不得挪用”的明显标志。在设备安装施工阶段，宜最先安装消防水管及其相关设备，必要时提前验收、提前供水。还可在每个楼层储备适当的消防用水，以便发生火灾时能及时就近取水灭火。

（6）必须确保通道畅通要在高层建筑工地内设置标明楼间和出入口的临时醒目标志，视情况安装楼梯间和出入通道口的临时照明，及时清理建筑垃圾和障碍物，特别是那些可燃、易燃的物品更要坚持每天清扫，保证发生火灾时，现场施工人员和消防人员下行、上行畅通快捷。

五、消防器材的配置和使用

（一）灭火器材的配备

1. 现场仓库消防灭火设施

（1）应有足够的消防水源，其进水口一般不应小于两处。仓库的室外消防用水量，应按照《建筑设计防火规范》（GB 50016—2014）的有关规定执行。

（2）消防管道的口径应根据所需最大消防用水量确定，一般应不小于150mm。消防管道的设置应呈环状。

（3）室外消火栓应沿消防车道或堆料场内交通道路的边缘设置，消火栓之间的距离不应大于50m。

（4）采用低压给水系统，管道内的压力在消防用水量达到最大时，不低于0.1MPa；采用高压给水系统，管道内的压力应保证两支水枪同时布置在堆场内最远和最高处的要求，水枪充实水柱不小于13m，每支水枪的流量应不小于5L/s。

（5）仓库或堆场内，应分组布置酸碱、泡沫、二氧化碳等灭火器，每组灭火器不应少于4个。每组灭火器的间距不应大于30m。

2. 施工现场灭火器材的配备

（1）大型临时设施总平面超过1200m^{2}的，应当按照消防要求配备灭火器，并根据防火的对象、部位，设立一定数量、容积的消防水池。并配备不少于4套的取水桶、消防铣、消防钩。同时，要备有一定数量的黄沙池等器材、设施，并留有消防车道。

（2）一般临时设施区域、配电室、动火处、食堂、宿舍等重点防火部位。每100m^{2}应当配备两个10L灭火器。

（3）临时木工间、油漆间、机具间等，每25m^{2}应配备一个种类合适的灭火器；油库、危险品仓库、易燃堆料场应配备足够数量的各种大灭火器。

（二）消防器材的使用方法

（1）手提式1211灭火器。手提式1211灭火器使用时，应手提压把，拔出保险销，然后握紧压把，灭火剂即可喷出。当松开压把时，压把在弹簧作用下恢复原位，阀门关闭，停止喷射。使用时应垂直操作，不可平放或倒置，喷嘴要准火源要部，并向火源边缘左右扫射，快速向前推进，要防止回火、复燃，如遇零星小火，可点射灭火。

（2）手提式贮压干粉灭火器。手提式贮压干粉灭火器使用方法同1211灭火器基本相同，使用前先将其上下颠倒10次，使筒内干粉松动，然后拔下保险销，一只手握喷嘴，另一只手用力握紧压把，干粉便会喷出。

（3）二氧化碳灭火器，使用时如是鸭嘴开关的，只要拔出保险销，将鸭嘴压下，二氧化碳即可喷出；如是手轮开关的，应将其逆时针旋转即可喷出灭火。

（4）消防水池。消防水池与建筑物之间的距离，一般不得小于10m，在水池的周围留有消防车道，在冬季或者寒冷地区，消防水池应有可靠的防冻措施。

六、消防管理制度

（1）在防火要害部位设置的消防器材，由该部位的消防职能人负责维修及保管。

（2）对故意损害消防器材的人，按照处罚办法进行处理。

（3）器材保管人员，应懂得消防知识，正确使用器材，工作认真负责。

（4）定期检查消防器材，发现超期、缺损的，及时向消防负责人汇报，及时更新。

参 考 文 献

[1] 王东升 . 建筑工程新技术概论 [M]. 徐州：中国矿业大学出版社，2019.

[2] 杨树峰 . 建筑工程质量与安全管理 [M]. 北京：北京理工大学出版社，2018.

[3] 杨勇 . 建筑施工 [M]. 北京：北京理工大学出版社，2017.

[4] 张蓓，高琨，郭玉霞 . 建筑施工技术 [M]. 北京：北京理工大学出版社，2020.

[5] 陈思杰，易书林著 . 建筑施工技术与建筑设计研究 [M]. 青岛：中国海洋大学出版社，2020.

[6] 杨承惁，陈浩主编 . 绿色建筑施工与管理 [M]. 北京：中国建材工业出版社，2020.

[7] 姚晓霞主编 . 建筑施工技术 [M]. 北京：中国建筑工业出版社，2020.

[8] 祁顺彬 . 建筑施工组织设计 [M]. 北京：北京理工大学出版社，2019.

[9] 郭凤双，施凯 . 建筑施工技术 [M]. 成都：西南交通大学出版社，2019.

[10] 刘尊明，霍文婵，朱锋 . 建筑施工安全技术与管理 [M]. 北京：北京理工大学出版社，2019.

[11] 王从军，刘胜德，李福占 . 建筑施工技术运用 [M]. 哈尔滨：东北林业大学出版社，2019.

[12] 赵永杰，张恒博，赵宇 . 绿色建筑施工技术 [M]. 长春：吉林科学技术出版社，2019.

[13] 惠彦涛 . 建筑施工技术 [M]. 上海：上海交通大学出版社，2019.

[14] 索玉萍，李扬，王鹏 . 建筑工程管理与造价审计 [M]. 长春：吉林科学技术出版社，2019.

[15] 陆总兵 . 建筑工程项目管理的创新与优化研究 [M]. 天津：天津科学技术出版社，2019.

[16] 肖凯成，郭晓东，杨波 . 建筑工程项目管理 [M]. 北京：北京理工大学出版社，2019.
[17] 潘智敏，曹雅娴，白香鸽 . 建筑工程设计与项目管理 [M]. 长春：吉林科学技术出版社，2019.
[18] 刘先春 . 建筑工程项目管理 [M]. 武汉：华中科技大学出版社，2018.
[19] 张争强，肖红飞，田云丽 . 建筑工程安全管理 [M]. 天津：天津科学技术出版社，2018.
[20] 郭念 . 建筑工程质量与安全管理 [M]. 武汉：武汉大学出版社，2018.